零基础7天入门学 Python

[日] 亀田健司　著
郑刘悦　译

中国水利水电出版社
www.waterpub.com.cn
· 北京 ·

内容提要

随着互联网的发展，人工智能、数据分析、物联网等都成为当前的热门行业，Python 因其具有简单易学、应用范围广泛、有大量的第三方软件库、可扩展性强等优点，成为目前最火热的编程语言之一。《零基础 7 天入门学 Python》就以没有任何编程基础的读者为对象，结合大量的程序实例和练习题，对初学者应该掌握的 Python 编程知识通过 7 天的课程进行了详细讲解，具体内容包括算法与数据结构的基础知识、运算与函数、条件分支结构、循环结构、容器、函数与模块等，最后一天对需要记住的知识点如序列、库的用法和异常处理等知识进行了讲解。

《零基础 7 天入门学 Python》是 Python 编程学习的入门书，并不是对 Python 进行面面俱到的讲解，而是聚焦于初学编程者必须掌握的重要知识点，并进行详细解说，以使读者能够集中理解，特别适合作为零基础读者自学 Python 的参考书。

图书在版编目（CIP）数据

零基础7天入门学Python /（日）亀田健司著 ; 郑刘悦译. -- 北京 : 中国水利水电出版社, 2023.4
ISBN 978-7-5226-1277-5

Ⅰ. ①零… Ⅱ. ①亀… ②郑… Ⅲ. ①软件工具－程序设计 Ⅳ. ①TP311.561

中国国家版本馆CIP数据核字(2023)第026428号

北京市版权局著作权合同登记号　图字：01-2022-2674

书　　名	零基础 7 天入门学 Python LING JICHU 7 TIAN RUMEN XUE Python
作　　者	[日] 亀田健司 著
译　　者	郑刘悦　译
出版发行	中国水利水电出版社 （北京市海淀区玉渊潭南路1号D座 100038） 网址：www.waterpub.com.cn E-mail：zhiboshangshu@163.com 电话：（010）62572966-2205/2266/2201（营销中心）
经　　售	北京科水图书销售有限公司 电话：（010）68545874、63202643 全国各地新华书店和相关出版物销售网点
排　　版	北京智博尚书文化传媒有限公司
印　　刷	北京富博印刷有限公司
规　　格	148mm×210mm　32开本　9.5印张　381千字
版　　次	2023年4月第1版　2023年4月第1次印刷
印　　数	0001—5000册
定　　价	89.80元

前　言

编程的普及化

以前，人们通常认为编程只是受过专门教育的程序员或 SE（系统工程师）等专业人士使用的技能。因此，很多人认为“编程是和我们无关的东西”。然而，近年来人们对这个认识逐渐发生了变化。

原因有很多，其中最大的原因在于编程教育已成为了一项义务。2020 年，编程教育成为日本小学的必修科目。这意味着在接下来的 5~10 年里，**年轻一代中几乎所有人都将会学习编程知识**。而总有一天，我们所处的社会也将转变成以此为前提的社会结构。

基于此发展趋势，既不是程序员也不从事 IT 相关工作却希望自己也能学习一下编程的人越来越多。

学习编程通常会选择某一种编程语言进行学习。那么，在有很多种编程语言的情况下，选择哪种语言学习比较合适呢？在几乎没有相关知识的阶段，做出合适的选择是非常困难的。另外，如果所选语言难以理解，则可能会对编程本身产生厌恶，严重打击学习编程的积极性。

对于这些读者，笔者推荐的编程语言是 **Python**。Python 是一种**以让初学者容易学习为目标而设计**的语言。与其他语言相比，Python 是一种学习起来更轻松的语言。

本书以会使用电脑但“没有任何编程基础”的人为对象，让他们从零开始学会用 Python 编程为目的编写而成。此外，书中还准备了大量的示例，这些示例对日常生活或工作都有一定的帮助。

如果你觉得很有趣，想从现在开始学习编程、想让编程知识更好地服务于工作、想教上小学的孩子学编程……请使用本书愉快地打开编程世界的大门吧。

Python 的学习曲线

不知道你是否听说过**学习曲线**这个词？学习曲线就是表示学习量与熟练度之间关系的曲线，如下图所示。

· 学习曲线

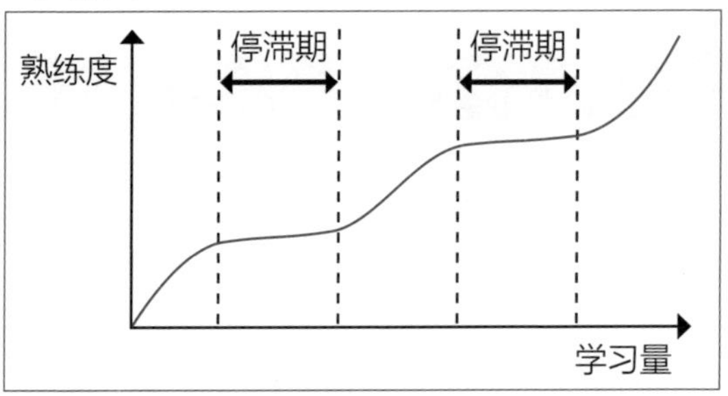

从图中可以看出，**学习量与熟练度并不成正比，一定会有停滞期出现，在这个阶段即使你非常努力也很难取得成果**。这不仅仅局限于编程学习，而是人类在学习某个新知识时一定会发生的现象。

据说，人们在学习新知识时遇到挫折的原因，大多是因为在停滞期时认为“自己无论如何努力都无法得出成果，一定是自己没有这方面的才能”从而放弃学习造成的。

实际上停滞期绝不是无用的。恰恰相反，这一时期是让学习成果突飞猛进的必要时期。跨越停滞期后，学习速度将会大幅提升。正如在起跳前必须先下蹲一样，学习也需要停滞期。多次重复这一过程，人的学习水平将在此过程中不断提高。

话虽如此，但如果停滞期过长，则谁都会心生厌恶。停滞期长的原因多种多样，但多数原因在于缺乏进入下一阶段的准备知识和技术，或练习不足。

Python 语言就是为了尽可能缩短停滞期而设计的语言。**与其他语言相比，Python 语法简单、需要记忆的知识点少、用于进入下一阶段的准备知识也尽可能减少**。在当下主流编程语言中，基于这种思想开发的语言恐怕只有 Python 了。

编程学习的三大支柱

Python 是一门对初学者很友好的语言，从使用“语言”这一词汇可知，Python 也是“语言”的一种。因此，学习编程就像学习一门外语。

虽然人类使用的语言和编程语言都是“语言”，但是两者间却有着相当大的区别。因此，我们首先介绍一下学习编程语言通常必需的三大支柱，不限于 Python 语言。

1. 掌握语法

掌握语法这一点与人们学习外语时相同。不过，与人类使用的语言相比，编程语言的语法非常简单。因此，若只是讲解语法的话，则两三天就能完成；若是学习编程的天赋较高，那么一天就习惯了。

对于初学者来说，学习语法可能有一定的难度，但用一周时间学习基本知识也足够了。

2. 理解算法与数据结构

简单来说，算法就是程序的大致结构。程序是用于处理人类命令的步骤块，而如何处理各个步骤的方法就是算法。数据结构就是编程中处理数据的机制。

实际上，即使编程语言不同，算法和数据结构也基本不会发生变化。也可以说，编程语言本来就是为了编写算法而存在的。因此，一旦掌握了某种编程语言，其他的编程语言也就很容易理解了。

3. 多多接触程序例题

为了提高编程水平，必须接触一定数量的实例——程序。在大量的真实程序中，我们可以逐渐理解语法是如何应用、算法是如何编写的。因此，在“1. 掌握语法”和“2. 理解算法与数据结构”之后，便只需一心一意地实践“3. 多多接触程序例题”。

虽然这里用了“学习的三大支柱”这种说法，但在三大支柱中，“3. 多多接触程序例题”花费的时间最长。

使用本书的方法

然而，现实中许多初学者在语法学习和算法理解方面都会遇到一些困难。原因是从学习这些基本知识到付诸实践的门槛实在太高了，即从基础训练到实践之间脱节太大了。这也是目前编程教育普遍存在的问题。

事实上，多数企业的新员工培训是这样的：设法让员工在培训期间掌握“1. 掌握语法”及“2. 理解算法与数据结构”阶段的知识，正式开始工作后再努力实践“3. 多多接触程序例题”。前面提到的脱节问题尤其存在于“2. 理解算法与数据结构”和“3. 多多接触程序例题”这两个阶段之间。有些人虽然努力学习了编程语言，但最后依然什么也不会的，就是在这一阶段栽了跟头。我想这可能就是由于学习的停滞期过长造成的。

因此，“1. 掌握语法”及“2. 理解算法与数据结构”阶段比其他语言短的 Python 对于初学者而言，可谓是十分有利的。这是因为即使是相同的学习时长，读者也可以将更多的时间分配在“3. 多多接触程序例题”阶段，从而用更多的时间去练习和实践。

因此，本书在讲解语法和算法之外，还准备了大量的例题和练习题。同时，对于像类的定义、lambda 表达式等编程初学者不会用到的高级概念与知识点，本书将断然舍去。事实上，即使不用这些知识，也能使用 Python 编写出相当高级的程序，而且对于完全理解了本书内容的读者来说，自学这些知识并不会很难。

相反，相比于其他入门书，本书对 **Python 独有的重要概念（如序列）进行了更详细和深入的讲解并提供了大量练习题**。尤其是序列，它的独特处理方式在主流编程语言中只有在 Python 中才能看到，即使是学过其他编程语言的人在学习此部分内容时也可能会感到很吃力。总体来说，虽然 Python 并不难学，但序列绝对是其中的一个难点。因此，本书特别设置了很多用于加深对序列理解的练习题。

换言之，本书并非网罗了 Python 语言的所有知识，而是聚焦于重要的知识点，以便读者能够集中理解。

另外，为了最大化本书的学习效果，希望读者务必将本书学习 3 遍。每一遍的学习方法如下。

◉ 第1遍

按照日程设置用一周的时间通读全文，了解基本语法和编程基础。跳过例题，在电脑上一个字一个字地输入示例程序。可暂时跳过其中难的地方，掌握示例程序的总体流程。

◉ 第2遍

以解答例题为中心从头开始阅读并同时复习。根据难易程度的不同，例题带有不同数量的★号。此时只需解答带一个★号的难度较低的问题，在此过程中要理解之前没能充分理解的地方。

◉ 第3遍

解答有两个或两个以上★号的高难度问题，增强编程实力。不理解时要仔细阅读解析，多次进行尝试。

若能坚定执行此学习方法，便可稳步掌握 Python 编程技术。

本书的用法

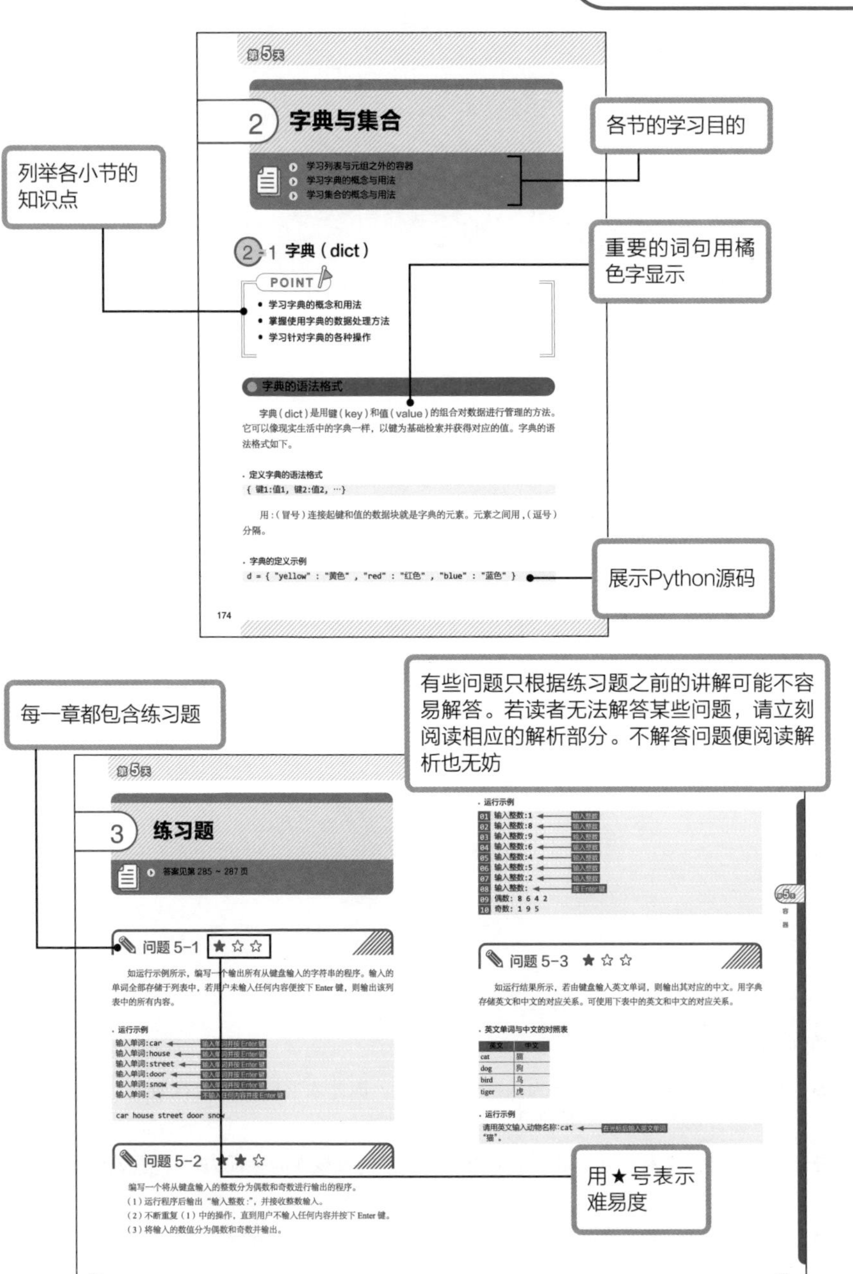
各节的学习目的
列举各小节的知识点
重要的词句用橘色字显示
展示Python源码
第5天
2 字典与集合
学习列表与元组之外的容器
学习字典的概念与用法
学习集合的概念与用法
2-1 字典（dict）
POINT
学习字典的概念和用法
掌握使用字典的数据处理方法
学习针对字典的各种操作
字典的语法格式
字典（dict）是用键（key）和值（value）的组合对数据进行管理的方法。它可以像现实生活中的字典一样，以键为基础检索并获得对应的值。字典的语法格式如下。
定义字典的语法格式
{ 键1:值1, 键2:值2, …}
用：（冒号）连接起键和值的数据块就是字典的元素。元素之间用，（逗号）分隔。
字典的定义示例
d = { "yellow" : "黄色" , "red" : "红色" , "blue" : "蓝色" }
174
每一章都包含练习题
有些问题只根据练习题之前的讲解可能不容易解答。若读者无法解答某些问题，请立刻阅读相应的解析部分。不解答问题便阅读解析也无妨
用★号表示难易度
3 练习题
答案见第 285 ~ 287 页
问题 5-1
问题 5-2
问题 5-3
194
195

特别说明

● 本书内容以写作时的信息为基础编写而成，因此本书所载的运行效果、服务内容、URL 等可能会发生无法预知的变更。

● 本书仅提供技术学习，由于本书内容而产生的直接或间接损失，作者及出版社概不负责。

● 本书中的公司名、产品名、服务名等一般为各公司的商标或注册商标，本书中不体现 ©、® 及™。

目录

第1天

启程的一步

1 Python是什么

- 掌握编程的基础知识
- 了解 Python 的概要
- 准备 Python 的开发环境

1-1 编程语言是什么

POINT

- 编程语言的基础知识
- 编程语言的种类和使用区分
- Python 语言的特征

编程语言到底是什么

我们身边有许多计算机。个人计算机、智能手机和游戏机自不必言，在汽车、电车等交通设施及金融机构的核心系统等各领域中，计算机也发挥着积极的作用。

◉ 向计算机下达动作指令的便是程序

为了控制计算机，需要向其下达指令，告诉它需要进行什么工作或操作。该指令称为**程序**（**program**），编写程序的过程称为**编程**（**programming**）。

而编程所需的语言称为**编程语言**。除本书所用的 Python 之外，还有各种类型的编程语言。

◉ Python之外的编程语言

那么除了 Python 之外，还有哪些编程语言呢？以下将主要的编程语言汇总成表。

• 主要的编程语言

语言名称	特征
C语言	当下使用的主流编程语言中最古老的编程语言。很多编程语言都是以C语言为基础开发的
C++语言	将C语言进一步拓展后形成的编程语言。可应对面向对象的思维方式
Java	以C/C++为基础开发而成、由甲骨文公司发布。用于智能手机操作系统之一——Android的编程语言
Swift	苹果公司开发的编程语言。用于iPhone及iPad的应用程序开发
PHP	专用于开发Web应用的编程语言
Ruby	由日本人开发的编程语言。也常用于开发Web应用程序

机器语言和高级语言

首先介绍编程语言的工作原理。

◉ 计算机可以直接理解的机器语言

虽然编程语言不止一种，但计算机能够直接理解的只有被称为**机器语言**（Machine Language）的编程语言。机器语言是能被 CPU 直接处理的语言。

由于其内容只是 0 和 1 的数字排列，因此人类几乎不可能读懂该语言。

机器语言的体系根据 CPU 种类的不同而不同。例如，主要用于个人计算机的英特尔公司的 Core i 系列和主要用于智能手机等移动端的 ARM 便使用完全不同体系的机器语言。

此外，个人计算机有 Windows、Linux 和 macOS 等多种 OS（操作系统）。在此情况下，就算是相同的机器语言程序，若 OS 不同，则即使 CPU 相同也无法运行。这是由于几乎所有程序都会用到 OS 的功能。考虑到 CPU 或 OS 的差异，仅依靠机器语言开发实用的程序几乎是不可能的。

◉ 人类可以理解的高级语言

既然仅依靠机器语言开发实用的程序几乎不可能，那么可以使用的便是**高级语言**。高级语言是人类比较易懂的语言。Python 及此前介绍过的各种编程语言都是高级语言。

◉ **编译器和解释器**

高级语言不能直接被计算机理解，所以需将其转换为机器语言。转换方法大致可分为两种——**编译器**和**解释器**。

这两种方法的区别在于将用高级语言编写的程序转换为机器语言的过程不同。编译器所采用的方法为一次将所有程序都转换为机器语言（编译），然后运行转换后的机器语言。与之相对，解释器的构造是将程序转换为机器语言的同时运行程序。若以外语翻译举例，则编译器类似于“全文翻译”，而解释器类似于“同声传译”。

· **编译器和解释器的工作原理**

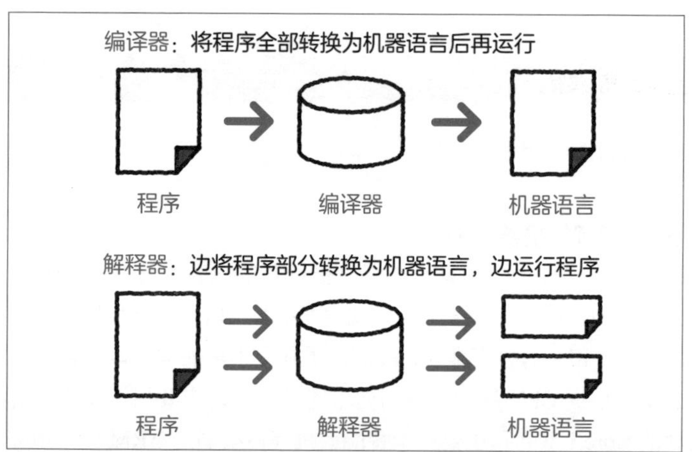

对于编译器而言，虽然编译过程需要花费时间，但编译后的程序运行速度会更快。相反，解释器没有编译过程，可以直接运行程序，但由于是边执行机器语言转换操作边运行程序，因此运行速度会变慢。

Python 在编程语言中的地位

我们已经了解了编程语言的分类，那么接下来看一下 Python 在其中的地位。

◉ Python是解释型的脚本语言

Python 是**解释型语言**，同时也是脚本语言。脚本语言是编程语言中易于编写和运行的语言的总称。

脚本语言最大的优势在于简单且容易记忆，基本上使用简单的单词便可构成程序。其特点是对于编程初学者十分友好。

◉ 多平台

Python 语言的另一特点是同一个程序可以在多种 OS 上运行。虽然需要安装用于各 OS 的运行环境（解释器），但不需要针对每个 OS 修改程序。

◉ Python语言有多个系列

Python 有两个系列，即版本较早的 **2.x 系列**和版本较新的 **3.x 系列**。这两个系列无法互相兼容。2020 年，Python 停止了对 2.x 系列的维护。因此，本书以 3.x 系列为基础进行讲解。

注意

本书以 Python 3 为基础进行讲解。读者在准备运行环境时务必注意不要弄错。

1-2 Python 是什么样的语言

POINT

- Python 语言的特点
- Python 的历史
- 可使用 Python 的场景

兼具简捷性与实用性的 Python

Python 是易学的语言，同时也是实用性高的语言。Python 可用于 YouTube、Instagram，甚至 Dropbox 等 Web 服务的开发。

为什么 Python 会成为如此易学，专业人士也能使用的正式编程语言呢？这个秘密隐藏于 Python 的诞生史之中。

为消磨时间而开发的语言

Python 诞生于 1990 年。开发者是荷兰的吉多•范罗苏姆（Guido van Rossum）。

范罗苏姆原本服务于一个名为 ABC 的、用于教育的编程语言的开发项目。但该项目遗憾地夭折了。之后，他加入了一个名为 Amoeba 的 OS 开发项目。

Amoeba 是一个非常复杂的系统，使用现有的编程语言无法按计划推进开发进度。因此，基于"如果能使用更方便的语言进行开发……"这一动机，以 ABC 为基础开发而成的语言便是 Python。

不过，一开始只是个人想法，作为假期的消遣，范罗苏姆开始了 Python 的开发。如今，Python 已成了世界著名企业在最先进的技术开发中也会使用的语言。

◉Python之名的由来

Python 这一名称取自英国人气喜剧节目《蒙提·派森的飞行马戏团》（Monty Python's Flying Circus）。

顺便一提，Python 意为“蟒蛇”。因此，Python 的吉祥物和图标都使用了蟒蛇的形象。

· Python的标志

◉ Python普及的契机

Python 经历了不少时间才真正普及。其正式被使用是在 2000 年 10 月发布的版本 2 之后。

版本 2 出现后，Python 依然不断地得到改进，逐渐成为一门实用的语言。数值计算库 NumPy（Numerical Python）、Web 框架 Django 等库依次诞生，现在 Python 已经成了全世界都喜欢使用的语言。

可使用 Python 的场景

可使用 Python 的领域有以下几个。

◉ 人工智能 · 机器学习

战胜了职业棋手的围棋软件 Alpha Go 和汽车的**自动驾驶算法**等都使用了高级人工智能（AI），它是通过名为**机器学习（machine learning）**的算法实现的。我们日常使用的 EC 网站的商品推荐（recommendation）引擎也使用了机器学习。在人工智能和机器学习的开发场景中，Python 发挥着重要作用。

◉ 数据科学

使用数学或统计学的方法，从大量数据中导出有意义的信息的学科领域通常被称为数据科学。其专家——数据科学家使用 Python 进行大数据分析。

◉ IoT

IoT 为 Internet of Things 的缩写，中文译为“物联网”。在网络家电及智能音箱等各种 IoT 机器的操控中，也用到了 Python。

◉ 电脑图形软件的插件

用于电影等的 3D 电脑图形是由艺术家们利用 Maya 等专业软件制作而成的。为了补充软件原本欠缺的功能，需要使用名为插件的扩展功能。而这些插件的开发便可用 Python 实现。

◉Web应用的开发

在 Web 浏览器（如搜索引擎、Web 邮件等）上运行的应用软件称为 Web 应用。使用 JavaScript 或 PHP 等各种语言可开发 Web 应用，而 Python 便是其中的一种语言。

开发 Web 应用时，并非使用编程语言本身，而是使用被称为 Web 框架的一种“Web 应用架构”进行开发。在 Python 中可使用之前介绍的以 Django 为代表的各种 Web 框架。

Python 语言的库

读者想必已经了解到，使用 Python 确实能做各种事情。若要问到底为什么仅是使用 Python 便能实现各种功能，其秘密便在于名为库的代码集合。

库可视为为了使用编程语言本不具备的功能而增加的零件。

例如，在开发人工智能系统时使用人工智能库。Python 的特点在于拥有大量功能强大的库，且可以轻松使用这些库。在 Python 语言中，比较常用的库有以下几个。

• 各种Python库

库名称	用途
NumPy	执行数值计算操作的库
Matplotlib	以NumPy为基础、用于绘制图表的库
SciPy	进行科学计算的库。以NumPy为基础开发而成
Pandas	用于数据分析的库
scikit-learn	用于机器学习的库
Tensorflow	用于深度学习等的人工智能库

2 算法与数据结构

- 理解算法和数据结构的思维
- 学习算法的种类和流程图的绘制方法
- 理解数据结构和算法的关系

2-1 算法与数据结构概要

POINT

- 理解编程的骨架——算法
- 理解数据处理的基础——数据结构

编程的基本思路

假设你想要做咖喱。若你原本便知道咖喱的做法则另当别论，若是第一次做咖喱，则应需参考菜谱进行烹饪。那么菜谱是什么呢？菜谱大致可分为“所用食材的名称及用量”和“加工并烹饪食材的步骤”。做咖喱时，需要准备肉、土豆、洋葱和咖喱粉等食材，然后将它们切块并加热，从而完成这道菜。

在计算机世界中,“食材的名称及用量”称为“**数据**”,“烹饪步骤”称为“**算法**”。计算机程序以接收到的数据为基础进行某些操作。在这一意义上，编程与烹饪十分相似。

总之，在计算机世界中的算法和数据结构相当于编程的“菜谱”，彼此密不可分。

· 算法和数据结构的关系

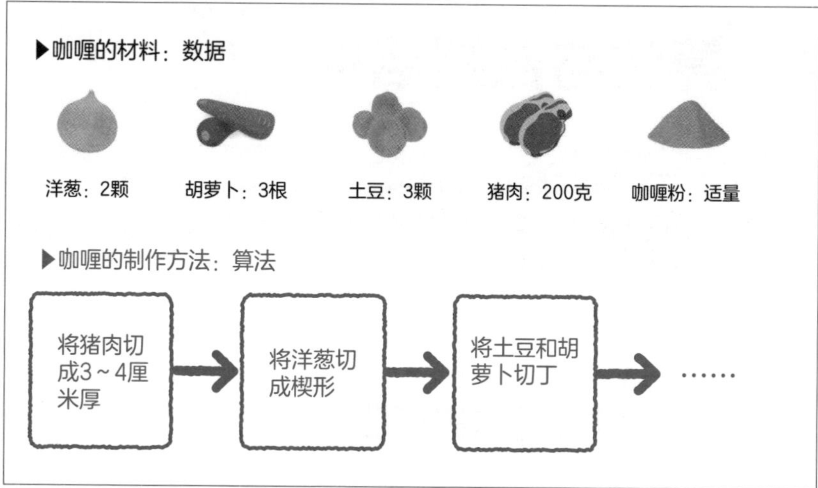

算法是什么

如前所述，算法如烹饪步骤。假使知道了咖喱的食材，若不知道它们的烹饪步骤，也无法制作咖喱。类似地，若不知道算法，则无法开发程序。

尽管如此，想要自己单独想出算法是十分困难的。幸运的是，从发明计算机到现在，众多研究者和技术人员开发了相当多的算法。根据前人的这些智慧积累，现在不论什么程序，只需组合这些算法便可大致开发出来。

◉ 作为解决问题的方法的算法

换句话说，算法就是解决问题的方法。就像解答数学问题一样，电脑程序可用各种方法解决问题。但只用一种算法就把问题解决的情况很少。在现实中，需要通过组合多种算法或改良部分算法来解决问题。

这与将棋[1]或围棋中的“棋谱”相似。若掌握了大量棋谱，便能在对局时的各种局面中连续走出最优的一步。与此相同，程序员若能掌握大量算法，便有可能顺利解决更多问题。**想要成为优秀的程序员，学习算法是必不可少的。**反过来说，如果能充分掌握算法，即使你不是天才也有可能掌握编程的方法。

---

1 译注：象棋类游戏的一种，又名日本象棋。

· 解决问题的方式与算法

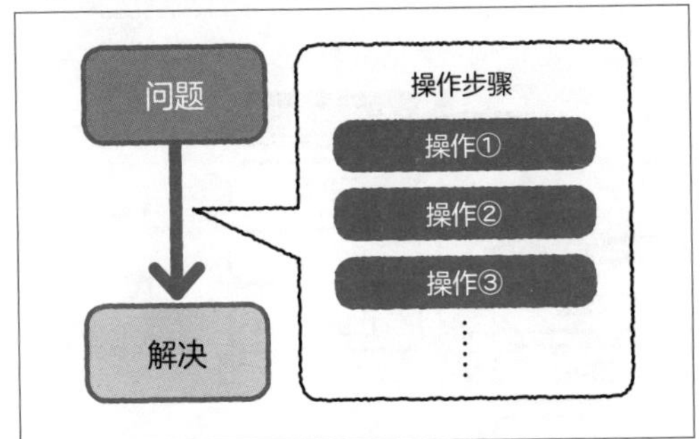

什么是数据结构

如前所述，在烹饪菜谱中，食材种类及用量相当于“数据”。那么“数据结构”是什么呢？先说结论——**数据结构是高效管理大量数据的结构**。以烹饪为例，烹调食物时可将食物按种类进行区分，如“肉类食物”“鱼类食物”“蔬菜类食物”。与之相似，将数据按照种类区分并形成固定的结构，使数据处理的思维方式更容易便是数据结构。

◉ 数据结构的例子

举一个更为具体的例子。设想一个在学校中开发学生管理系统的场景。学校通常有很多学生,仅用“佐藤智林”“山田花子”等姓名进行管理十分不便。因此，学校会给每个学生添加学号、年级、所属班级等用于识别学生的各种数据。换言之，将学号、年级、班级、姓名等数据统一起来，用于管理一名学生的数据结构是有效的。

· 学校中的数据结构示例

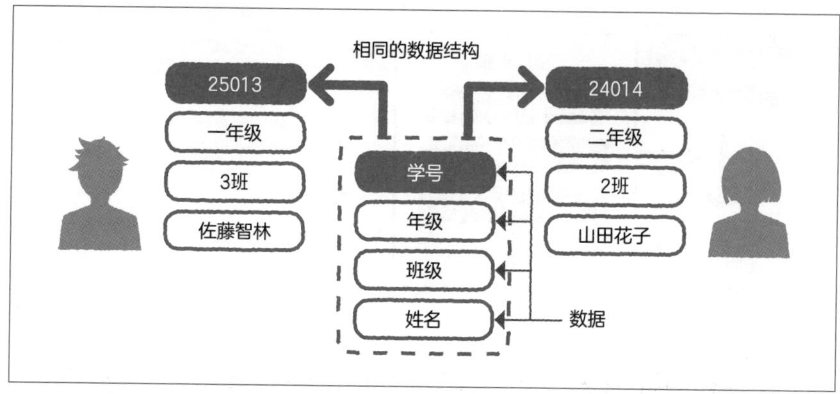

此外，使用邮政编码管理地址的方法也是如此。邮政编码是为了用于高效管理“地图上某个位置”的 7 位数字[1]，其构造方式为第 1 位代表都道府县，第 2 到 3 位代表市町村，最后 4 位代表区。如 981-3189 表示日本宫城县仙台市泉区泉中央二丁目 1 番地之一的邮编。这也是一个优美的数据结构。总之，日常生活中经常会用到数据结构。

---

[1] 译注：日本的邮政编码为7位。

2-2 流程图

POINT

- 理解流程图的绘制方法
- 理解算法的三大逻辑结构
- 用流程图描述算法

流程图是什么

流程图意为表示流程（flow）的图（chart）。作为用于描述算法的图，流程图在很长一段时间内被广泛使用。

流程图用箭头连接多个组成部分，以此表示算法的操作流程。其组成部件有以下几种。

· 组成流程图的几何图示

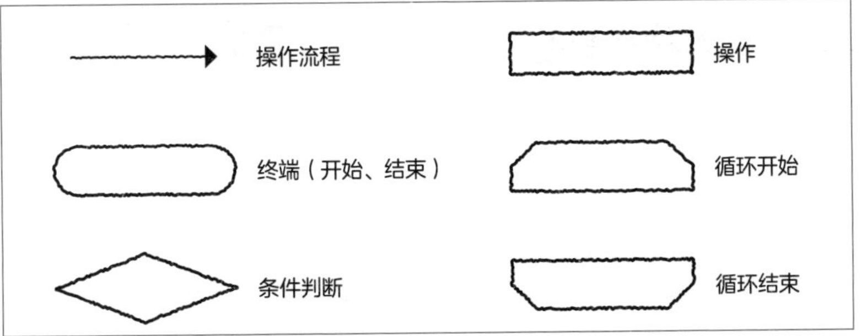

例如，若使用这些几何图形，描述“生成一个 1~10 之间的随机数（随机数字），若该数字小于 5，则数字为多少，便输出多少次字符串 "HelloWorld"。

· 流程图绘制示例

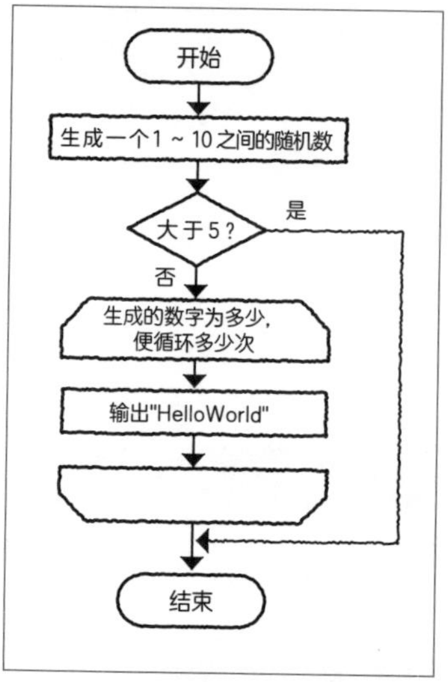

由图可知，若生成的数值小于5，则该数字为多少，便输出多少次"HelloWorld"；否则便结束程序。因此，在描述程序时流程图是十分方便的工具。

算法的三大逻辑结构

算法有以下3种最基本的逻辑结构。

◉ 顺序结构

按照代码编写的顺序执行操作。

· 顺序结构的流程图

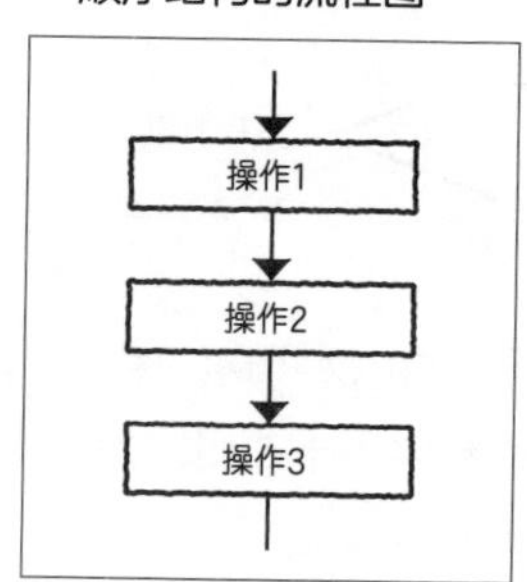

◉ **条件分支结构**

根据条件改变运行流程。

· **条件分支结构的流程图**

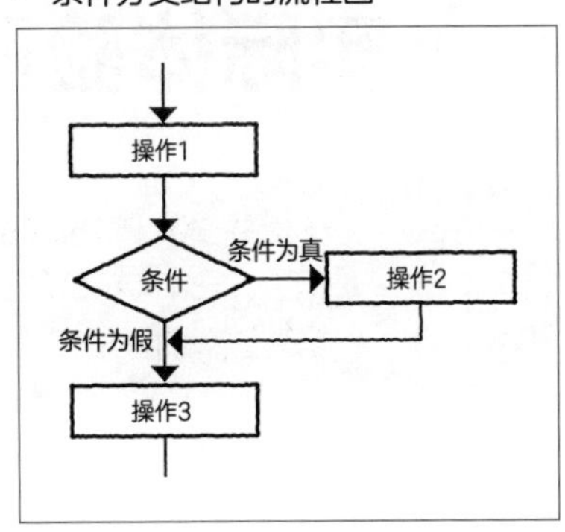

◉ **循环结构**

当满足条件时重复操作。

· **循环结构的流程图**

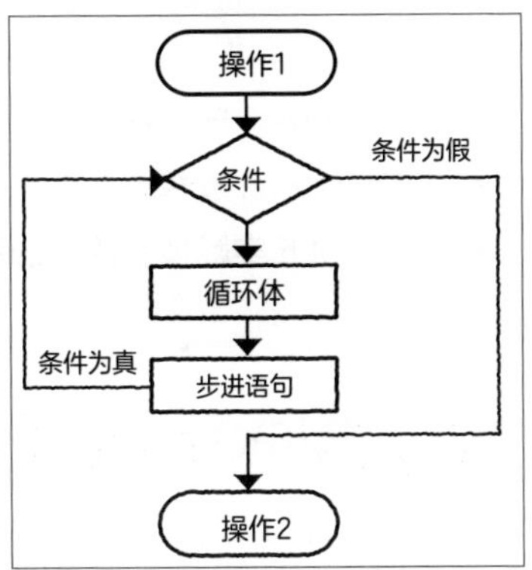

所有算法一定由这 3 种基本逻辑结构组合而成。因此，组合这 3 种结构来设计程序的方法论称为**结构化编程**。

在结构化编程中，需要用各种数据结构来开发程序。在之后讲解 Python 编程时，将详细说明数据结构。

3 实际体验Python

- 下载并安装 Python 解释器
- 用 Python 运行简单的程序
- 搭建舒适的开发环境

3-1 安装 Python 解释器

- 下载 Python 安装程序
- 安装 Python 解释器
- 使用 IDLE 实际体验简单的程序

安装 Python 的安装程序

从现在起，终于要真正开始学习 Python 了。首先介绍开发环境的搭建方法。使用 Python，需要在所用的 OS 上安装 Python 解释器。

安装方法不止一种。这里介绍最基本的方法——从官网下载并安装。

◉ 访问Python的官方下载页面

下载 Python，需要打开 Web 浏览器并访问 Python 官网的下载页面。

• Python的下载页面

页面上提供了对应各种 OS 的 Python 解释器。这里以安装 Windows 版解释器的步骤为例，介绍 Python 解释器的安装方法。

在 Python 的下载页面（上图）中，Looking for Python with a different OS? Python for 之后有 Windows、Linux/UNIX、macOS 和 Other，单击 Windows。单击后将跳转到 Windows 版 Python 的下载页面。

• Windows版Python的下载页面

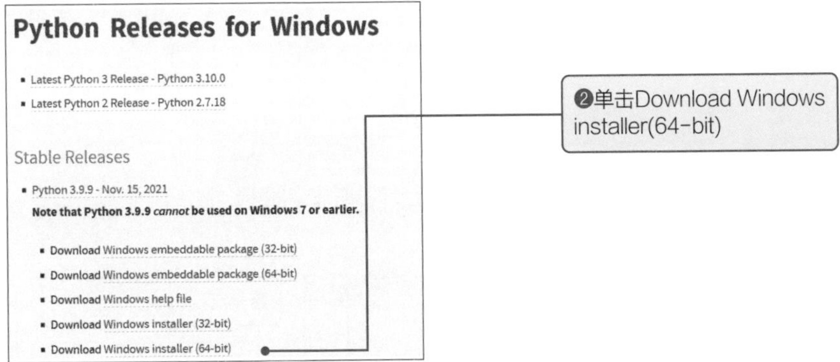

单击此页面上的 Download Windows installer(64-bit)。通过标题 Stable Releases 下的链接进行下载，这意味着下载的是稳定的版本。Pre-releases 中的链接是一个处于开发中的不稳定版本，因此本书中不使用。

官网上同时还有版本 2 系列的下载页面的链接。标有 Python 3.x.x 的链接为版本 3 系列，标有 Python 2.x.x 的链接为版本 2 系列，请读者从版本 3 系列的链接中下载。

• Python安装程序的图标

双击下载的文件以启动安装程序。请读者务必勾选安装对话框界面下方的 Add Python 3.x to PATH。勾选后单击 Install Now 开始安装。

• 安装对话框

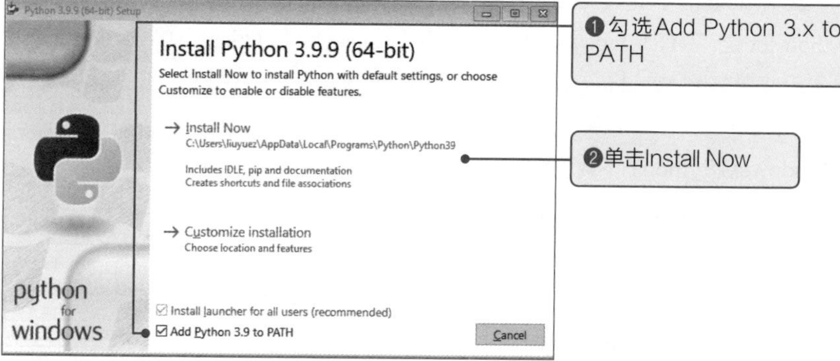

显示 Setup was successful 这一信息时，表明安装完成。

• 安装完成

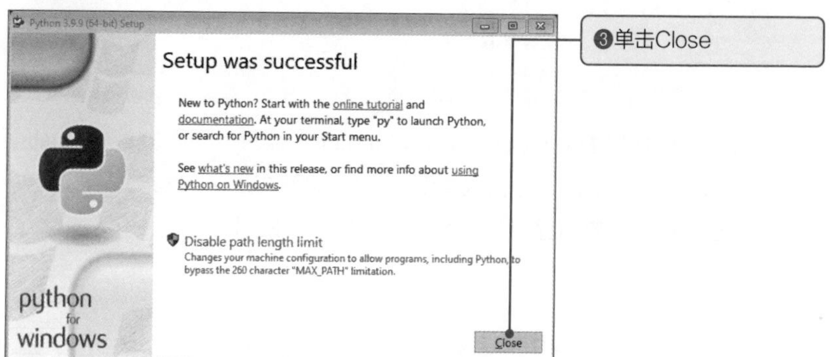

安装完成后，以下选项将被添加到 Windows 的“开始”菜单中。

• 添加到“开始”菜单中的Python

确认运行效果

安装完成后便可用 Python 执行各种操作。下面实际执行几个简单的操作。

◉ 启动IDLE

下面通过简单的操作来了解一下 Python 的运行效果。单击 Windows“开始”菜单中的 IDLE (Python 3.x 64-bit)，显示以下界面。

• IDLE的启动界面

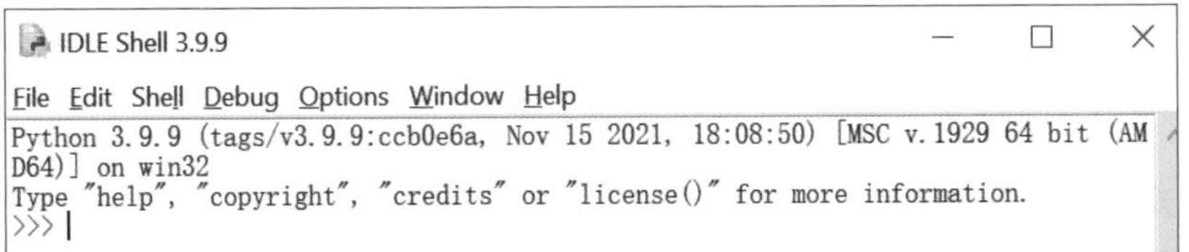

IDLE 为 Integrated Development and Learning Environment 的缩写，是 Python 程序的运行环境，也带有简单的文本编辑器。启动 IDLE 后，首先显示的是 Python Shell（以下简称 Shell）窗口。

在 Shell 中可直接输入 Python 命令并运行。在 >>> 的后面输入命令并按 Enter 键便可立刻显示运行结果。

◉ 尝试简单的程序

首先运行一个输出简单字符串 Hello World 的例子。即使不理解命令的具体含义也无妨，在启动后的 Shell 中，输入如下命令并按 Enter 键。

• 输出Hello World. 的程序（示例1-1）

```
print("Hello World.")
```

在命令输入行的下一行输出了 Hello World.。这样就可以使用 Shell 输入各种命令并得到其运行结果。

• 示例1-1的运行结果

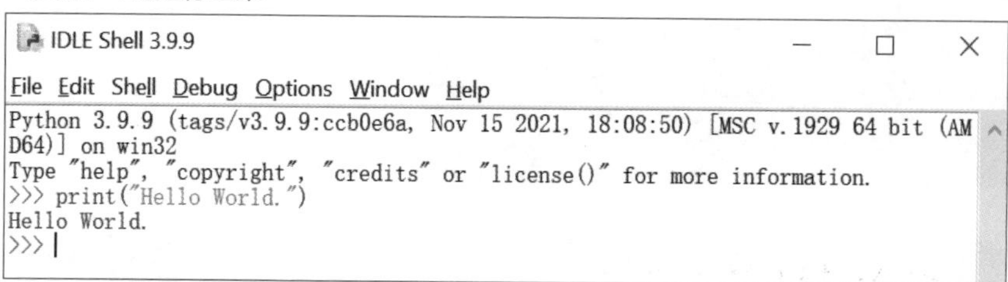

上面程序中的 print 是用于输出括号中的内容的命令。在 Python 中将像 print 这样的命令称为**函数**。Python 程序可以使用预先设置的函数，也可以创建并使用自定义函数。

观察程序运行后的界面，再次显示了 >>>，这表示可以无数次输入程序并运行。尝试输入以下程序。如前所述，在 >>> 后输入程序并按 Enter 键。

• 进行简单计算的程序（示例1-2）

```
1 + 2
```

按下 Enter 键后，可得到计算结果——数字“3”。

• 示例1-2的运行结果

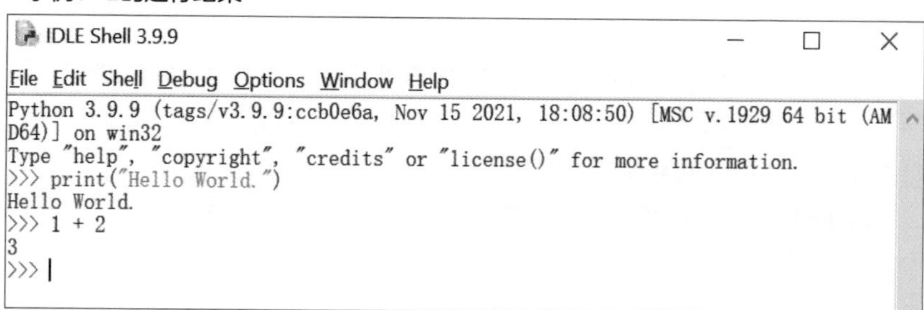

如上所示，用 Python Shell 可进行类似计算器的计算。Python 既可以开发如应用程序般的大型程序，也可以像这样用 Shell 一行一行地运行程序。

◉ 输错代码时

在输入程序时，有时会打错字。此时，Python 解释器会提示错误。例如，假设漏输了 print 中的 t。

• 包含错误的程序示例（示例1-3）

```
prin("Hello World.")
```

虽然对于人类而言，print 和 prin 是相似的，但能作为 Python 命令而被解释器接受的始终只有 print。像这样输错代码时，将产生错误（Error），程序无法运行。

• **示例1-3的运行结果**

```
>>> prin("Hello World.")
Traceback (most recent call last):
  File "<pyshell#2>", line 1, in <module>
    prin("Hello World.")
NameError: name 'prin' is not defined
>>> |
```

界面上显示的红色（上图中的浅色）文字为**错误信息**。信息最后一行中的 NameError: name 'prin' is not defined 表示此次错误的详细信息。

◉ 解读错误

NameError 意为“存在名称错误”，其后显示了具体的错误内容。将上图中的错误信息翻译成中文，就是 prin 这一名称未定义。若存在错误，则解释器会提示错误类型与错误内容。

即使出现错误，也不代表输错程序代码就会损坏电脑。因此，读者不必害怕出现错误，务必不断尝试输入示例程序或修改程序。

3-2 安装 Visual Studio Code

POINT

- Visual Studio Code 是什么
- 安装 Visual Studio Code
- 准备 Python 开发环境

IDLE 的问题点与源码编辑器

IDLE 的优点是安装 Python 后即可使用，但使用起来并不方便。因此，需要搭建一个更为实用的编程环境。方法有两种：①使用 **IDE（集成开发环境）**；②使用编程专用的高性能**文本编辑器**。

IDE 是能够在同一环境下编写、运行并调试程序的工具，具有代表性的有 Anaconda、Eclipse、Visual Studio 等。IDLE 本身也是简单的 IDE 的一种。

文本编辑器有 Atom、Sublime Text 和 Visual Studio Code 等。这些编辑器一般被称为源码编辑器，具有各种编程专用的功能。

近年来，随着 IDE 规模的扩大，出现了程序处理变得缓慢等问题，所以将高性能文本编辑器用于编程开发的情况逐渐增多。本书中也介绍使用文本编辑器开发程序的方法。

源码编辑器 Visual Studio Code

本书使用 Visual Studio Code（以下简称为 VSCode）作为开发 Python 程序的文本编辑器。

VSCode 是微软开发的编辑器，可免费下载和使用，适用于 Windows、Linux、macOS 等多个操作系统。

VSCode 富有各种编程专用的功能，同时提供了用于 Python 程序的各种工具，可以使 Python 学习更加轻松。

VSCode 的下载与安装

可以从官方下载页面获取 VSCode。

• VSCode的下载页面

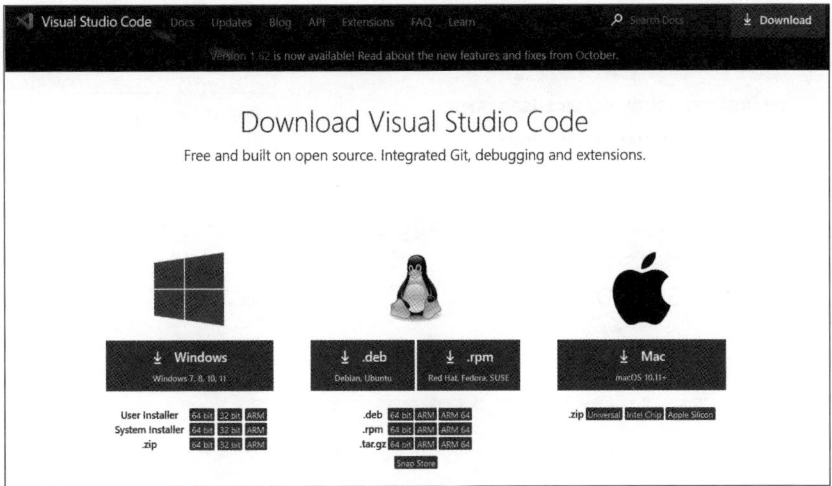

选择并下载正在使用的 OS 对应的安装程序。这里以 Windows 为例进行讲解。

• VSCode安装程序

◉ 正式安装之前的流程

双击安装程序即可开始安装。启动安装程序后，用户会被要求同意许可证协议，此时选中 I accept the agreement 单选按钮，单击 Next 按钮。

• 同意许可证协议

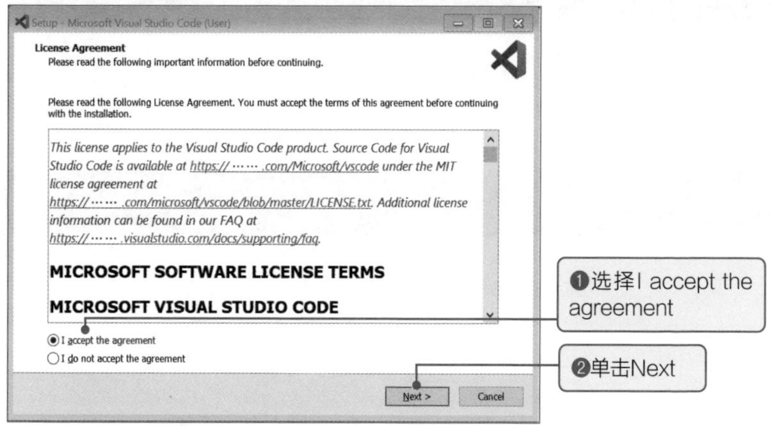

然后打开 Select Destination Location 界面，无须修改，直接单击 Next 按钮。

• 设置安装路径

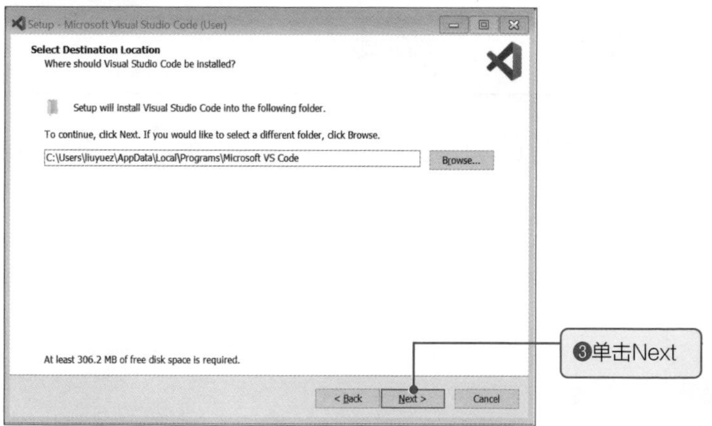

打开 Select Start Menu Folder 界面，无须修改，直接单击 Next 按钮。

• 设置开始菜单文件夹

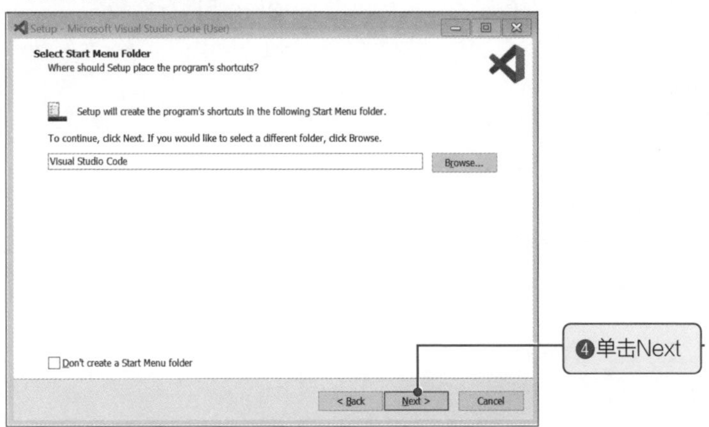

最后打开 Select Additional Tasks 界面。默认只勾选 Add to PATH 选项，此外还需勾选以下选项。

- Create a desktop icon
- Add "Open with Code" action to Windows Explorer file context menu，

勾选完毕后单击 Next 按钮。

• 选择附加任务

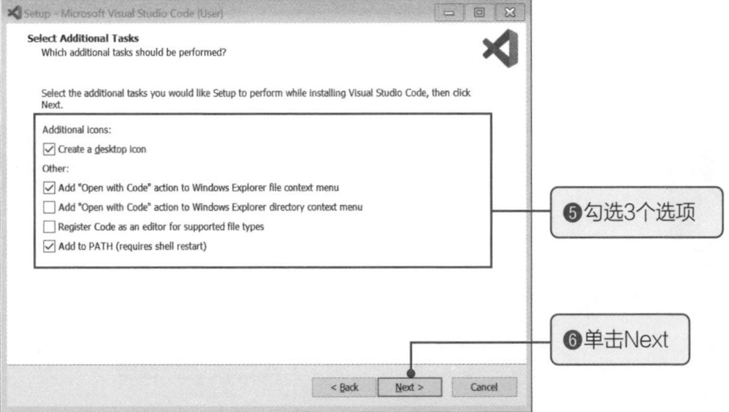

至此，完成了安装前的准备工作。最后单击 Install 按钮进行安装。

• 完成安装前的准备

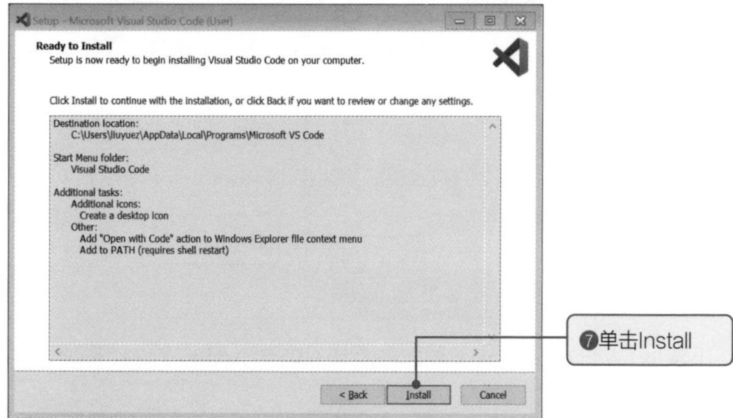

◉完成安装及启动

安装结束后单击 Finish 按钮关闭安装程序。

• 结束设置向导

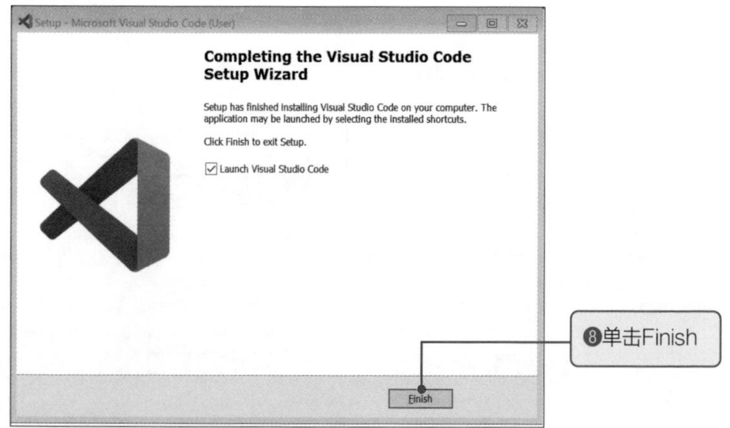

安装完成后将启动 VSCode。

• 启动后的VSCode

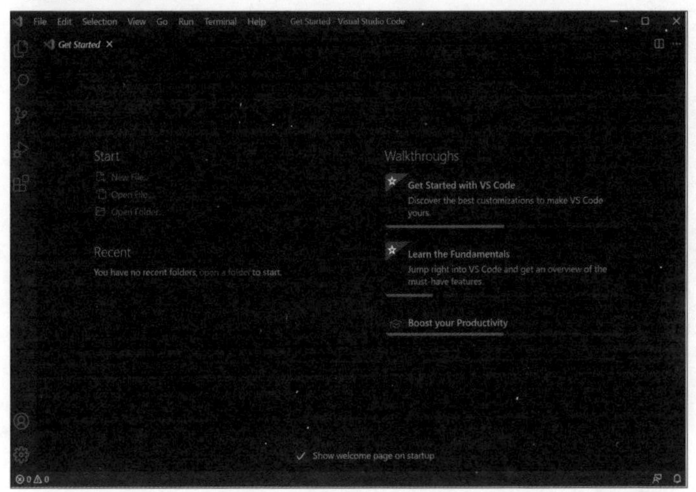

扩展 VSCode 的功能

接下来介绍让 VSCode 更便于使用的扩展功能。这里添加我们开发 Python 程序时所必要的扩展功能。首先需要做的是 VSCode 的汉化 [1]。

◉VSCode的汉化

虽然VSCode十分方便,但是在安装阶段都是用英文显示的而非中文。因此，需要另外添加 Chinese (Simplified)（简体中文）Language Pack 这一功能。

VSCode 中有应用商店功能，可从中搜索并添加各种扩展功能，也可从这里获得实现汉化的 Chinese (Simplified)（简体中文）Language Pack。

[1] 译注：此处原文为“日语化”，为适应国内读者，因此改为“汉化”。

• 启动后的VSCode

安装完成后，右下角将出现以下对话框。

• 提示重启VSCode的对话框

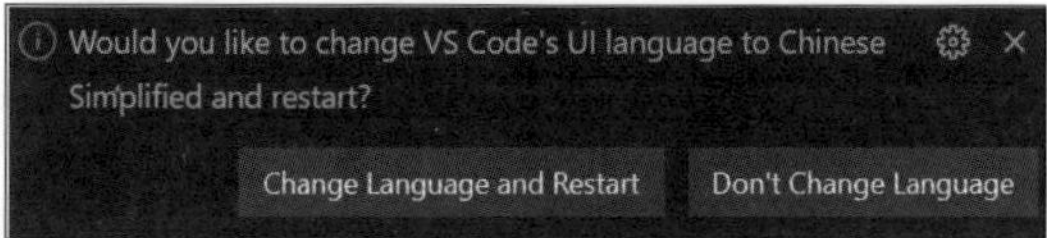

这一信息的含义是：为了能以简体中文使用 VSCode，需要重启 VSCode。单击 Change Language and Restart 按钮，重启 VSCode。

单击后 VSCode 将再次启动，可以看到之前全是英文的菜单栏及提示信息等都变成了中文。

• 汉化后的VSCode

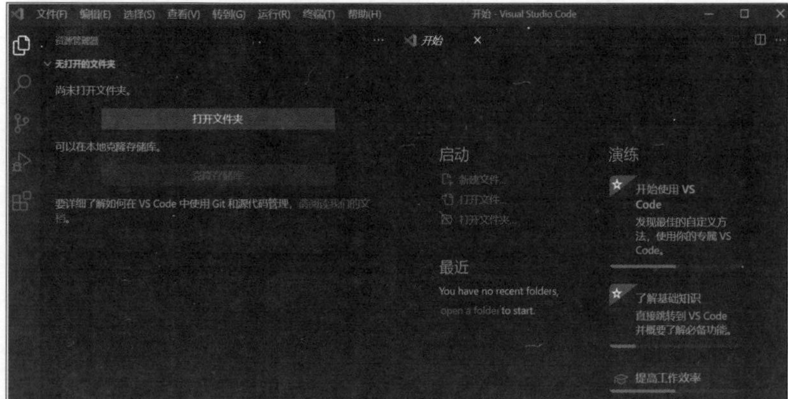

◉下载Python Extension Pack

接下来搭建让 Python 开发更为容易的环境。和 VSCode 汉化时一样，需要从应用商店中获得扩展功能。应用商店中与 Python 相关的扩展功能是 Python Extension Pack。使用此功能不仅可以使在 VSCode 中的 Python 编程更为容易，还可以直接运行 Python 程序，可大大提高开发效率。

再次打开应用商店，在搜索栏中输入 Python Extension，列表中将出现 Python Extension Pack，单击“安装”按钮安装该扩展功能。

• 安装Python Extension Pack

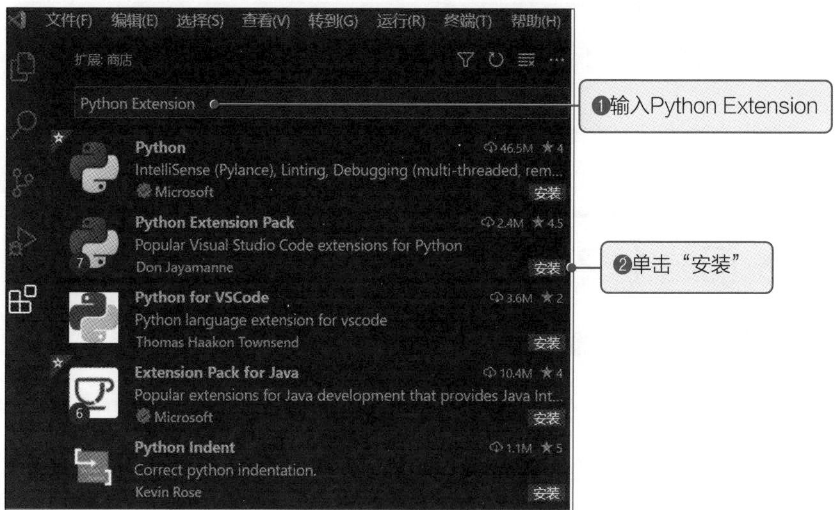

如此便完成了 Python 学习的准备工作。从“第 2 天”开始，我们将运用 IDLE 和 VSCode 进行 Python 实际开发各种程序的学习。

4 练习题

答案见第 276 页。

问题 1-1 ★☆☆

说出算法的三大逻辑结构。

问题 1-2 ★☆☆

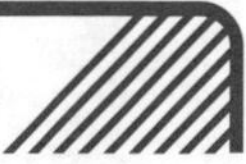

说出解释器和编译器的区别。

问题 1-3 ★☆☆

从以下关于 VSCode 的说法中选出所有的正确选项。

（1）VSCode 是 Python 语言专用的 IDE（集成开发环境）。

（2）VSCode 从 Python 程序的编写到运行可统一进行。

（3）VSCode 是由微软公司开发的工具。

（4）无法扩展其功能。

第2天

运算与函数

1. 运算
2. 运行脚本文件
3. 各种函数
4. 练习题

1 运算

- 理解基本运算的方法与公式
- 学会用变量进行复杂的运算
- 编写运用了各种函数的程序

1-1 运算的结构

POINT

- 学习加法和减法等基本运算方法
- 掌握主要运算符的种类与用法
- 了解除数值运算之外的其他各种运算

运算是什么

在“第 1 天”中，我们用 print 函数输出了字符。接下来，将学习各种数值的计算。

在编程中，将计算操作称为**运算**，而用于运算的 +、– 等符号称为**运算符**。

日常进行的加法、减法等运算称为**算术运算**。除此之外，运算还有比较运算、逻辑运算等类型。本书将在必要时分别说明各种运算。

术语

运算符

运算符是用于进行运算的符号，主要有用于算术运算、比较运算和逻辑运算的运算符。

◉算术运算

在 Python 的算术运算中使用的运算符见下表。

· 在算术运算中使用的运算符

运算符	含义	使用示例
+	加法运算	15 + 4
–	减法运算	15 – 4
*	乘法运算	15 * 4
/	除法运算（实数）	15 / 4
//	除法运算（整数）	15 // 4
%	取模运算	15 % 4
**	次方	2**4

Python 中有两种除法运算的原因将在后面具体讲解。首先需要说明的是，运算符有优先顺序。例如，在数学计算中乘法运算和除法运算的优先级高于加法运算和减法运算，Python 中的运算符也一样，乘法运算和除法运算的优先顺序高于加法运算和减法运算。

◉挑战简单的运算

例如，进行加法运算或减法运算时，可以像下面这样将数字和运算符组合以编写程序。

示例2-1

```
15 + 4
```

· 运行结果

```
19
```

示例2-2

```
15 - 4
```

· 运行结果

```
11
```

从以上结果可以看出，加法运算和减法运算与在数学计算中学习的运算没有区别。但在进行乘法运算时需使用 *（**星号**）而非 ×。

示例2-3

```
01 15 * 4
```

· 运行结果

```
60
```

在 Python Shell 中实际输入这些算式并确认结果。我们在“第 1 天”中用 print 函数输出了字符，而在用 Python Shell 进行运算时，即使不使用 print 函数，也可以只通过算式输出运算结果。

· 示例2-1~示例2-3的运行结果

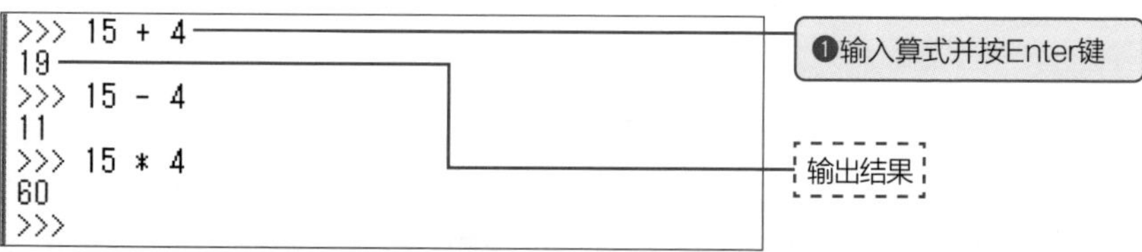

◉ 除法运算的使用区分

除法运算的运算符有两种——**/（斜杠）和 //（双斜杠）**。这两个符号有明显的区别。下面实际使用这两个符号进行被除数和除数均相同的计算。首先用运算符 / 进行 15 ÷ 4 这一计算。

示例2-4

```
01 15 / 4
```

· 运行结果

```
3.75
```

从以上结果中可以看出，**运算结果会显示小数点之后的部分**。接着用运算符 // 进行被除数和除数均相同的计算。

示例2-5

```
01 15 // 4
```

· 运行结果

```
3
```

由结果可知，**小数点之后的数字被舍去了**。

换言之，使用 / 时，运算结果会显示小数点之后的部分；而使用 // 时，则会舍去小数部分，只用整数表示运算结果。

◉取模（求余）运算

由于 15 无法被 4 整除，因此在进行整数除法时自然会产生“余数”。在某些情况下，可能会希望得出这个余数。此时要用到的便是取模运算符 **%（百分号）**。

使用此运算符求 15 ÷ 4 的余数，编写程序如下。

示例2-6

```
15 % 4
```

· **运行结果**

```
3
```

由于 15 除以 4 的余数为 3，因此输出 3 作为运算结果。读者可试着在 Python Shell 中实际输入除法运算和取模运算的算式并确认结果。

· **示例2-4～示例2-6的运行结果**

```
>>> 15 / 4
3.75
>>> 15 // 4
3
>>> 15 % 4
3
>>>
```

◉除数为0的除法运算

在除法运算中需要注意的是，**无法进行除数为 0 的运算**。例如，无法进行如下运算。

示例2-7

```
8 // 0
```

若试图进行这一除法运算，则会得到如下结果。

・进行除数为0的除法运算的结果

```
>>> 8 // 0
Traceback (most recent call last):
  File "<pyshell#9>", line 1, in <module>
    8 // 0
ZeroDivisionError: integer division or modulo by zero
>>>
```

这里显示的 ZeroDivisionError: integer division or modulo by zero 是由于试图进行除数为 0 的除法运算而产生的错误信息。

注意

即使在数学运算中也无法进行除数为 0 的除法运算，在 Python 的运算中也一样。

术语

异常

尽管程序本身在语法上没有错误，但在程序运行时发生的错误称为异常。除数为 0 的除法运算是最基本的异常之一。

改变运算的优先顺序

在算术运算中可以通过使用括号来改变运算顺序。例如，计算 3+2*4 时，应该是先计算 2*4，然后再加 3，其结果为 11。

示例2-8

```
3+2*4
```

・运行结果

```
11
```

若将其改为 (3+2)*4，则先计算括号中的 3+2，再将结果 5 乘以 4，答案为 20。

示例2-9

```
(3+2)*4
```

・运行结果

```
20
```

· 使用括号的运算

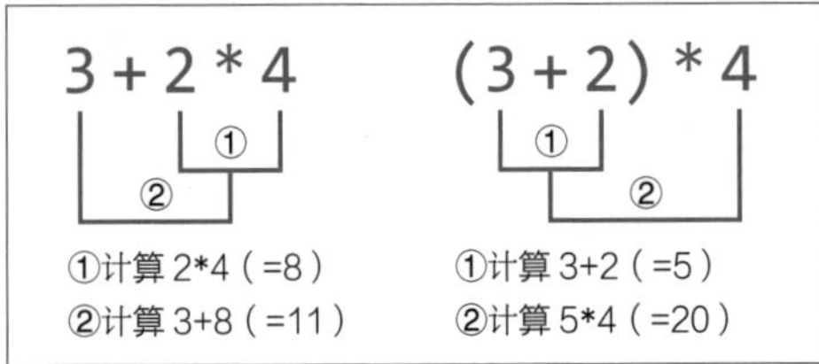

◉ 复杂的运算

嵌套括号可进行更加复杂的运算。

示例2-10

```
(4+(2+3*2)) / 5
```

· 运行结果

```
2.4
```

在这个运算中，首先进行内层括号中的运算 2 + 3 * 2，再进行外层括号中的运算，即 8 和 4 的加法运算。然后将其结果 12 除以 5，得到结果 2.4。

· 示例2-10的运算图

(4 + (2 + 3 * 2)) / 5

①计算 3*2（=6）
②计算 2+6（=8）
③计算 4+8（=12）
④计算 12/5（=2.4）

重要

越是处于内层的括号，运算的优先级越高。

◉ 运算与正负

运算符 + 和 − 除了作为加法运算和减法运算的符号外，还是表示“正数”和“负数”的符号。例如，运行 1+(−3) 和 1−3 的结果相同。

示例2-11

```
1+(-3)
```

· 运行结果

```
-2
```

若在数字前加上 +，则直接输出该数字。

示例2-12

```
01 +3
```

· 运行结果

```
3
```

Python 可以处理的数据类型

Python 可以处理的数据类型，目前为止我们只处理了数值。除了数值，Python 还可以处理其他类型的数据。

本节讲解 Python 可以处理的**数据类型**。数据类型即数据的种类，如数值、字符串等都属于数据类型。

数据类型

数据类型就是数据的种类。它可以被命名为 int、str 等。

下表列出了 Python 可以处理的数据类型。

· Python可以处理的数据类型

名称	概要	示例
int	整数	1、-4、0
float	带小数点的数	1.12、-3.05、4.0
str	字符串	"Hello"、'Hello'
bool	布尔值（逻辑值）	True、False

此外，Python 中还存在着各种数据类型。关于其他数据类型，之后将根据需要进行讲解。

参考

数据类型可用 type 函数进行查询。输入“type(数据或变量)”并运行，即可输出数据类型。

◉ 整数（int）

整数是能用计算机处理的最基本的数据类型之一。虽然多数编程语言中对可处理的整数的取值范围有限制，但是在 Python 3 中，**原则上对可以使用的整数的取值范围没有限制**，所以，即使是位数很多的数字也可以进行计算。

◉ 实数（float）

处理如 3.14 或 –0.1 等带小数的数字，即实数时，在计算机中使用**浮点数**这一数据类型。由于浮点数为英文 floating point number 的译文，所以在编程世界中通常称实数型为 float。

◉ 布尔值（bool）

在计算机操作中，有时需要处理这种数据类型——表示正确的“**真**”和表示错误的“**假**”。像这样只有“真”和“假”两个值的数据类型称为布尔型。其中，“**真**”和“**假**”分别用英文 True 和 False 表示。

◉字符

因为计算机在原理上只能处理数值数据，所以需要通过**字符编码**这一整数值来识别字符。通常情况下，“字符”这一数据类型是指字符编码数值的单词。

目前使用的字符编码有几种类型。根据字符编码的不同，字符和数值的对应关系也不同。

· 主要的字符编码

名称	特点
ASCII	以在现代英语或欧洲语言中使用的拉丁文为中心的字符编码
JIS	网络上的标准字符编码，在电子邮件中的应用尤为普遍
Shift_JIS	微软公司开发的字符编码。在ASCII编码的字符中加入日文字符的编码，可用于Windows和macOS中
EUC	可用于UNIX系列的OS的字符编码。收录了日文字符的EUC被称为日文EUC或EUC-JP
Unicode	国际业界标准之一，收录了世界上各种语言的字符并分配给它们连续的编码
UTF-8	将用Unicode定义的符号化字符集合转换为字节串的方式之一，应用于各种领域

在 Python，尤其是 Python 3 中，必须记住字符编码使用的是 **UTF-8**。虽然 Python 2 之前的版本没有关于字符编码的规定，但在 Python 3 中有明确规定，即默认使用 UTF-8。

◉ 字符串（str）

连接多个字符以表示单词或句子的就是**字符串**。不仅是 Python，多数编程语言都将字符和字符串作为不同的数据类型进行区别。

用 '（**单引号**）或 "（**双引号**）将字符括起来表示字符串。例如，'ABC' 或 "Hello" 等就表示是字符串。

即使字符串中的字符都是数字，但只要被 ' 或 " 括起来就成为字符串。例如，'123' 或 "3.14" 等虽然看起来是数字，但都会被作为字符串处理。

◉ 转义符

此外，当希望在字符串中输出诸如 ' 或 " 等符号时，需要在它们前面加上 \（**反斜杠**）。这样的字符表述被称为**转义符**，用于当字符串中包含如 ' 或 " 等特殊符号时。

下表展示了 Python 中使用的具有代表性的转义符。

· 具有代表性的转义符

转义符	含义
\a	响铃（发送数据时使用的控制字符的一种）[1]
\b	退格
\f	换页
\n	换行
\r	回车（光标返回本行开头）
\t	水平制表符
\\	\
\"	"（双引号）
\'	'（单引号）
\nnn	用八进制数nn指定ASCII编码的字符
\xhh	用十六进制数hh指定ASCII编码的字符
\uhhhh	用十六进制数hhhh指定Unicode字符
\0	NULL

字符串运算

迄今为止，只进行了数值运算，但 Python 中还有字符串运算。首先介绍使用运算符 + 的示例。当运算对象为数值时，运算符 + 意为加法运算或正数；而当运算对象为字符串时，该符号意为拼接。作为试验，在 Python Shell 中输入以下示例。

示例2-13

```
print("Hello"+"World")
```

· 运行结果

```
HelloWorld
```

此外，运算符 * 也可用于字符串运算。当运算对象为数值时，运算符 * 意为乘法运算；而当运算对象为字符串时，该符号意为将字符串重复多次。

示例2-14

```
print(3*"Hello")
```

1 译注：其效果为发出一声提示音。在计算机的cmd中通过“cd <文件夹完整路径>”进入安装Python的文件夹，再输入python并按Enter键进入Python解释器，然后输入print('\a')便可听到计算机发出一声提示音。

· 运行结果

```
HelloHelloHello
```

在字符串 Hello 前加上 3*，便可得到将该字符串重复 3 次后的字符串 HelloHelloHello。将字符串放在前面，写成 "Hello" *3 也可得到同样的结果。

· 字符串运算的运行示例及结果

```
>>> print("Hello"+"World")
HelloWorld
>>> print(3*"Hello")
HelloHelloHello
>>>
```

例题 2-1 ★☆☆

在 Python Shell 中执行以下计算。

① 5 + 4
② 5 − 3
③ 4 × 2
④ 7 ÷ 2（舍去小数点之后的部分）

答案示例与解析

这是一个在 Python Shell 中进行四则运算的问题。直接使用 + 和 − 便可进行加法运算和减法运算。

· 问题①的答案

```
5 + 4
```

· 运行结果

```
9
```

· 问题②的答案

```
5 - 3
```

· 运行结果

```
2
```

由于乘法运算的运算符为 *，所以问题③中的运算如下。

· 问题③的答案[1]

```
print(4*2)
```

· 运行结果

```
8
```

1　译注：不用print，直接输入“4*2”也可以。

除法运算的运算符有 / 和 //。由于此处要求舍去小数点之后的部分，因此使用 //。

· 问题④的答案

```
7 // 2
```

· 运行结果

```
3
```

例题 2-2 ★☆☆

使用 Python 函数像下面这样将字符串 Python 重复输出 3 次。

```
PythonPythonPython
```

答案示例与解析

重复 1 次字符串 Python 并输出结果的代码为 print("Python")。若要重复 3 次，则需用 * 使字符串重复 3 次。

· 答案示例1

```
print(3*"Python")
```

或者，以下编写也可以。

· 答案示例2

```
print("Python"*3)
```

例题 2-3 ★☆☆

求上底为 3cm、下底为 4cm、高为 5cm 的梯形的面积。

答案示例与解析

梯形的面积用公式（**上底 + 下底**）× **高** ÷2 求取。

· **答案示例**

```
(3 + 4) * 5 / 2
```

· **运行结果**

```
17.5
```

在求面积时，需要用除法运算显示小数点之后的数字，所以使用运算符 /。

1-2 变量

POINT

- 理解变量的概念与用法
- 理解使用了变量的运算
- 学习赋值运算符的用法

变量是什么

学习了前面的内容，现在已经能够进行各种运算了。但这里有一个问题。例如，当想计算圆的面积时，就需要用到圆周率 3.14159 这个数值。如果只进行一次计算还比较简单，若需要多次计算时，每次都要重复输入 3.14159 则十分不便。

若能使用像 pi 这样的可代替数值的容器，计算过程的编写就会变得轻松。像这样在有名称的容器中放入值的机制称为**变量**。

变量的定义与赋值

变量如同放置数据的箱子，可放置数值或字符串。在变量中放入值的过程称为**赋值**。

· 给变量赋值

```
num = 100
d = 1.23
s = "Hello"
```

使用运算符 =（**等号**）进行赋值，其左边为变量名，右边为值。num=100 表示将数值 100 赋值给名为 num 的变量。同理，s = "Hello" 则表示将字符串 Hello 赋值给名为 s 的变量。

· 将值赋值给变量的示意图

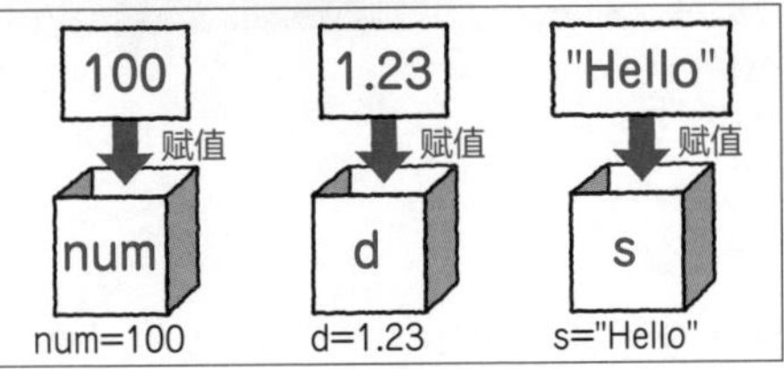

变量的值可以修改无数次。

变量名的命名规则

变量名的命名规则如下。

- **第 1 个字符为英文或 _（下划线）。**
- **第 2 个及之后的字符为英文、数字或 _。**
- **不可使用保留字。**

可使用的变量示例如下。

· 可作为变量名使用的名称示例

```
a    i    number    CountryName    _num5    bg_color    city2020
```

可以看出，变量名通常使用一个字母或简单的英文单词。接下来介绍不能作为变量名使用的名称示例。

· 不可作为变量名使用的名称示例

```
100names    2Baa
```

这些名称都以数字开头，违反了“第 1 个字符为英文或 _”这一规则。

术语

保留字

保留字又名关键字，指预先被赋予了其他用途的字符串或单词。

变量与运算

本节将运算把各种值赋值给变量的操作。

◉数值变量与运算

首先尝试数值运算。在 Python Shell 中输入以下示例并按 Enter 键，然后查看运行结果。

示例2-15

```
01 m = 2
02 m
03 m = m + 1
04 m
```

运行后，结果如下所示。

· 示例2-15的运行结果

```
>>> m = 2
>>> m
2
>>> m = m + 1
>>> m
3
>>> 
```

一开始运行 m=2 后，只输入变量名 m 则输出其值 2。因此，在 Python Shell 中输入变量名并按 Enter 键即可查看变量的具体值。

由于被赋值为整数的变量可以和整数同等处理，所以也可以进行和整数相同的运算。第 3 行中的 m = m + 1 表示将 **m+1 的值重新赋值给 m**。由于之前将数值 2 赋值给了 m，所以这里将 2+1 的计算结果 3 赋值给 m。

· 修改变量的值

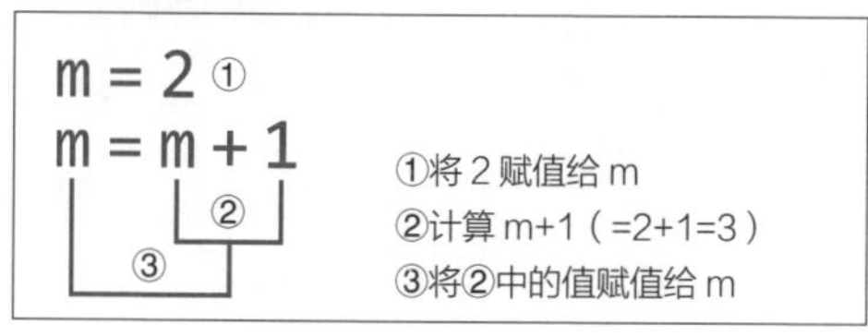

由于符号 = 在数学中表示其左边和右边的值相等，所以读者或许会对算式 m=m+1 的结果感到不适应。Python 中的 = 运算符始终只是用于赋值的符号，并没有相等之意。

重要

运算符 = 并非“相等”，而是“给变量赋值（存储值）”的意思。

◉ 稍微复杂的运算

接下来进行使用了变量的、稍微复杂的运算。进行求圆面积的计算，在 Python Shell 中输入以下程序。

示例2-16

```
PI = 3.141592
r = 3.0
PI * r**2
```

逐行输入以上程序，可得到以下结果。

· 示例2-16的运行结果

```
>>> PI = 3.141592
>>> r = 3.0
>>> PI * r ** 2
28.274328
```

圆的面积可用“圆周率 × 半径的平方”求得。因此，当将圆周率赋值给 PI 并将半径赋值给 r 时，面积可用 PI*r**2 或 PI*r*r 求得。

在 Python 以外的编程语言中，通常将如圆周率等常用的数值定义为不可修改的变量。这种不可修改的变量通常被称为**常量**，但 Python 的架构中并没有定义常量的功能。因为，如果要在 Python 中表示常量，则**变量名中的字母应全部为大写**。

重要

当变量名中的字母全是大写字母时，就表示该变量是一个常量。

下面令 r=2.0，并求圆的面积。

示例2-17

```
r = 2.0
PI * r**2
```

· 运行结果

```
12.566368
```

除了赋值给 r 的数值之外，这与之前的程序完全相同，但结果发生了变化。像这样使用变量，就可以用相同的公式得到不同的结果。

◉ 字符串变量的运算

接着看一下被赋值为字符串的变量的运算。以下示例将字符串赋值给两个变量 s1 和 s2，并用运算符 + 进行连接。

示例2-18

```
s1 = "ABC"
s2 = "DEF"
s = s1 + s2
s
```

在 Python Shell 中逐行输入以上程序，可得到如下所示的运行结果。

· 使用运算符+的字符串变量连接

```
>>> s1 = "ABC"
>>> s2 = "DEF"
>>> s = s1 + s2
>>> s
'ABCDEF'
```

字符串可用 + 进行连接，而将其赋值给变量时也一样。由 ABC 和 DEF 连接而成的字符串 ABCDEF 将被赋值给变量 s。

此外，也可以使用 * 将字符串重复并赋值给字符串变量。

示例2-19

```
t = 3 * s
t
```

运行示例 2-18 的结果为 ABCDEF 被赋值给了变量 s。因此，运行示例 2-19 后，重复 3 次 s 的字符串将被赋值给 t。

• **使用了运算符*的字符串重复**

```
>>> t = 3 * s
>>> t
'ABCDEFABCDEFABCDEF'
```

赋值运算（复合赋值）

如果想要将数值变量 m 加 1，可编写 m = m + 1。由于类似的计算使用频率很高，因此 Python 提供了简化的写法。这便是**复合赋值运算符**。

复合赋值运算示例见下表。

• **主要的复合赋值运算示例**

运算符使用示例	同等运算	含义
m += n	m = m + n	m加上n
m −= n	m = m − n	m减去n
m *= n	m = m * n	m乘以n
m /= n	m = m / n	用n除m（保留小数点之后的值）
m //= n	m = m //n	用n除m（舍去小数点之后的值）
m %= n	m = m % n	获得m除以n的余数

以下程序就是使用了复合赋值运算符的运算示例，请在 Python Shell 中一一输入练习。

示例2-20

```
01 num = 10
02 num *= 2
03 num
04 num += 3
05 num
```

在第 1 行中将 10 赋值给 num。第 2 行中将 num(10) 乘以 2，因此 num 将变为 20。接着第 4 行中将 num(20) 值加 3，所以 num 的最终值将变为 23。

- 使用了复合赋值运算符的运算示例

```
>>> num = 10
>>> num *= 2
>>> num
20
>>> num += 3
>>> num
23
```

如上所示，使用复合赋值运算符可以更容易地计算变量。

复合赋值运算符不仅可以用于数值运算，还可以用于字符串运算。

示例2-21

```
01 st ="Hello"
02 st += "Python"
03 st
04 st *= 2
05 st
```

第 1 行中将字符串 Hello 赋值给变量 st，然后用运算符 += 将 st(Hello) 加上 Python，因此，st 的值变为 HelloPython。接着用运算符 *= 将 st(HelloPython) 乘以 2，st 的最终值将变为 HelloPythonHelloPython。

- 字符串变量与赋值运算符

```
>>> st = "Hello"
>>> st += "Python"
>>> st
'HelloPython'
>>> st *= 2
>>> st
'HelloPythonHelloPython'
```

如上所示，字符串也和数值一样可使用复合赋值运算符。和数值计算不同的是，可用于字符串的复合赋值运算符是有限的。例如，由于 /、% 等运算符不能用于字符串，因此对于字符串而言也就不存在 /=、%= 等复合赋值运算符。

2 运行脚本文件

- 编写并运行脚本文件
- 掌握工作区中的文件管理
- 理解错误与故障的方法

2-1 脚本文件的编写与运行

POINT

- 学习在 VSCode 中编写脚本文件的方法
- 学习运行编写好的脚本文件的方法
- 理解出现错误时的应对方法

运行脚本文件

到目前为止，我们只是在 Python Shell 上进行简单的计算或字符串输出等操作。虽然能立刻得到运行结果是 Python Shell 的优势，但仅仅如此是无法开发真正的程序的。

从现在起，我们将编写并运行 Python 脚本文件。一般将记录了用编程语言编写的程序的文件称为源代码，而 Python 的源代码被称为脚本文件。

Python 脚本文件的扩展名为 .py。在“**第 1 天**”中安装的 VSCode 广泛应用于编写与运行脚本文件。

编写脚本文件

首先进行脚本文件的编写。启动 VSCode，并按照以下步骤进行操作。

1. 创建工作区

在开始编写之前，需要进行**工作区**的创建。顾名思义，工作区是用于进行编程工作的区域。在自己可管理的任意位置——计算机上的任何位置皆可——创建一个用于保存 Python 程序的工程文件夹，并命名为 Python。然后从菜单中选择“文件”→“将文件夹添加到工作区”命令，选择刚才创建的文件夹并单击“添加”按钮。

• 添加工作区

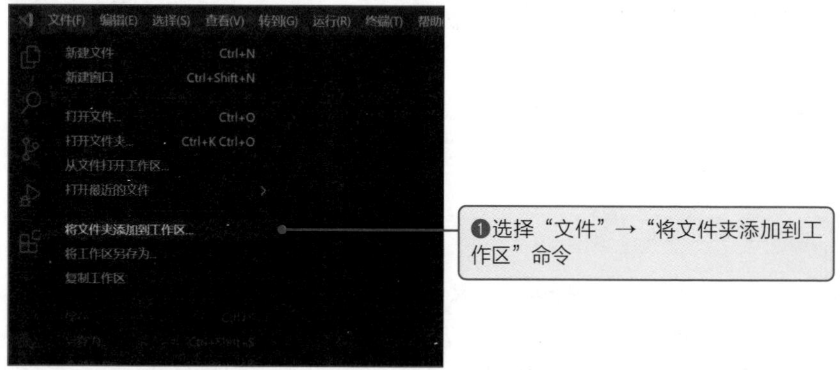

• 选择要添加到工作区的文件夹

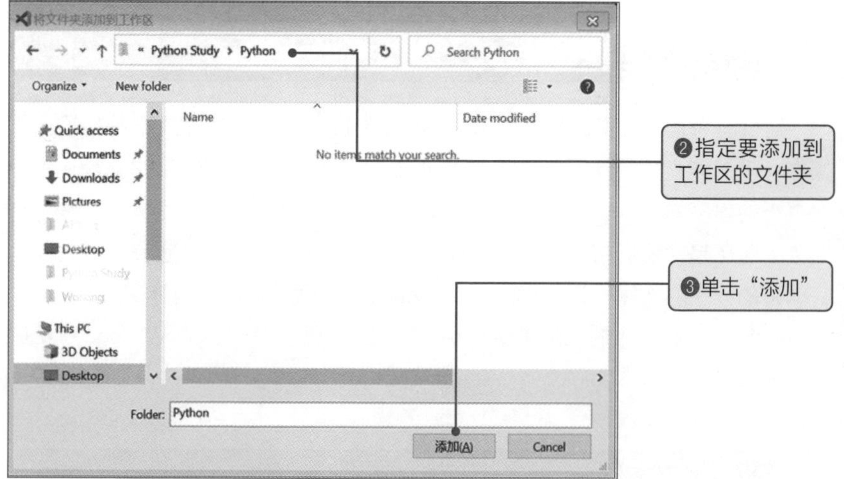

注意

如果路径名称中有汉字，则程序可能无法正常运行。因此，请读者用英文或数字命名文件夹或路径。

2. 添加脚本文件

接下来终于要创建脚本文件了。添加工作区后，界面左侧的“资源管理器”中将显示指定的工作区。单击刚才添加的文件夹的名称，显示“新建文件”图标，单击该图标。

· 添加文件

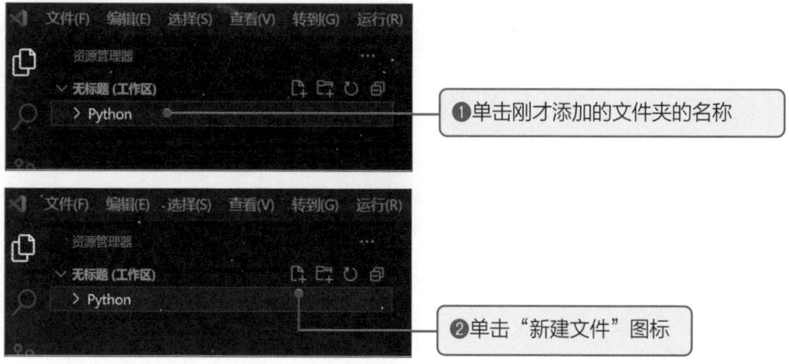

然后显示一个用于输入文件名的文本框，在此输入文件名 HelloWorld.py，按 Enter 键。

· 输入文件名

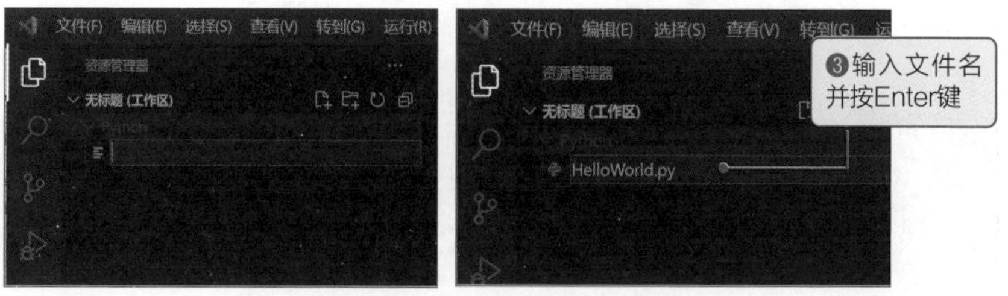

之后，一个名为 HelloWorld.py 的文件将被添加到文件夹中，且界面右侧中该文件将变为可编辑的状态。如此，便完成了编写脚本文件的准备。

脚本文件的编写与运行

接着编写并运行脚本文件。在 VSCode 界面右侧的编辑器部分输入程序。

1. 输入程序

此次编写的程序如下。这是一个简单示例，内容只包含目前学过的 print 函数和运算。在 VSCode 中输入该程序，从菜单中选择“文件”→“保存”命令，保存文件。

当不方便选择菜单命令时，同时按下 Ctrl 键和 S 键也可以保存文件。

示例2-22（HelloWorld.py）

```
print("Hello World")
print(5 + 2)
print(5 - 2)
print(5 * 2)
print(5 / 2)
print(5 // 2)
print(5 % 3)
```

实际输入该程序后，VSCode 中的界面如下图所示。

• 输入程序

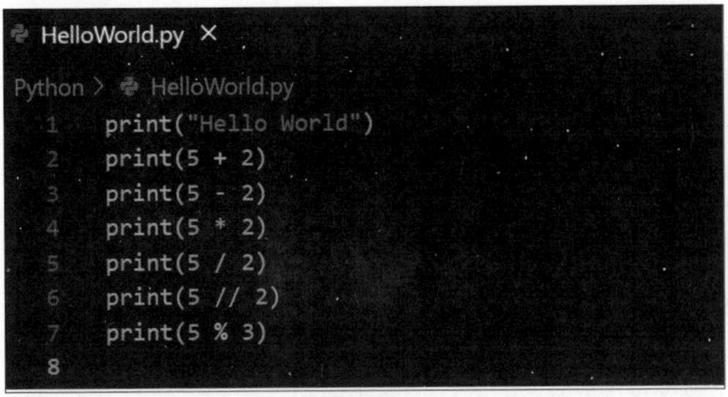

```
HelloWorld.py ×
Python > HelloWorld.py
print("Hello World")
print(5 + 2)
print(5 - 2)
print(5 * 2)
print(5 / 2)
print(5 // 2)
print(5 % 3)
```

观察输入结果可知，VSCode 用颜色区分程序的不同部分，如函数为蓝色，字符串为红色，数值为绿色[1]。

[1] 译注：在VSCode 1.62.3中，函数为白色，保留字为蓝色。

2. 运行程序

运行刚才保存的程序。单击“运行”按钮▷将运行程序，界面下方的“终端”中将显示运行结果。虽然在 VSCode 中可同时打开多个脚本文件，但想要运行的文件必须在最前面。

· 运行脚本文件

从运行结果可知，首先输出 Hello World，然后依次输出 5 + 2 的计算结果 7、5 – 2 的计算结果 3……如此，从第 1 行开始，逐行运行刚才输入的操作。

· HelloWorld.py的运行结果

· 在脚本文件中，原则上**从上往下按顺序逐行运行命令**。

当存在输入错误时，则无法得到想要的结果。此时需要修改错误，直到程序能正常运行为止。

2-2 工作区中的文件管理

在工作区中创建的文件会显示在侧边栏内的"资源管理器"中。当文件关闭时，单击"资源管理器"便可打开相应文件。打开的文件将显示在右侧的编辑器界面中。可以打开多个文件，然后一边用标签切换打开的文件，一边进行操作。想要关闭文件时，单击对应标签上的 × 即可。

• VSCode的界面

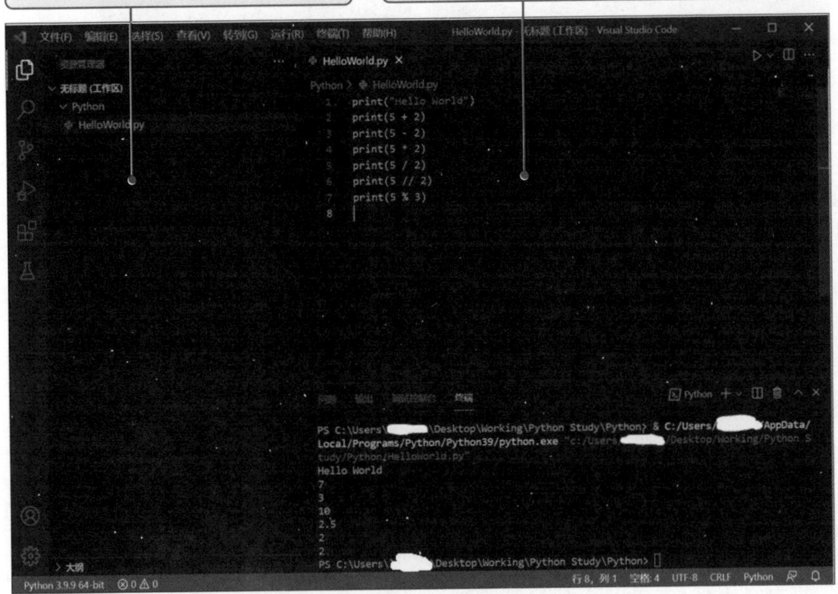

当需要打开不在工作区中的文件时，和一般的文本编辑器一样，可以选择"文件"→"打开文件"命令。

而当"资源管理器"由于某种原因不显示工作区时，可以选择"文件"→"打开工作区"命令打开工作区。

2-3 错误与故障

- 理解程序差错——错误和故障的区别
- 理解出现错误时的处理方法
- 理解故障的概念与调试

错误和故障的区别

编程差错大致分为两类，一类是 **Error（错误）**，另一类是 **bug（故障）**。下面将讲解二者的区别。

Error 是单纯的语法错误。有错误的程序是无法运行的。而 bug 则是结构上的错误。虽然没有语法上的错误，但是却执行了和预期不同的操作，这种状态称为 bug。

◉调试（debug）

在编程过程中总是会出现各种各样的 bug。而排除 bug 的过程被称为**调试（debug）**。发生 Error 时可能会明确显示警告信息，但出现 bug 时很多情况下不会显示类似的警告信息，所以有时很难确定 bug 发生的原因。因此就有了**调试器（debugger）**这种用于发现 bug 的工具。像 IDE、VSCode 这样的高级文本编辑器都自带调试器。

参考

“故障”（bug）一词的由来

bug 的本意为“虫子”。那么，为什么它成了指代程序差错的单词呢？1947 年 9 月 9 日，当美国一位名为格蕾丝・赫柏的女技术员在大型计算机上工作时，装置突然发生故障。在查看其内部时，发现零件中掉入了一只货真价实的虫子（飞蛾）。和现在不同，当时的计算机为机械结构，因此发生了这一故障。作为这一事件的证据，格蕾丝・赫柏用胶带把发现的飞蛾的尸体贴在了当天的工作日志中。作为“世界上第一个计算机故障”，该日志现收藏于美国的史密森尼学会。

当程序有错误时

本节介绍当程序有错误时的处理方法。作为试验，我们特意在刚才编写的HelloWorld.py中加入错误。

在该程序的最后添加代码“prin("ABC")”，再次保存文件。此时，print少一个字母t。观察VSCode的界面，可见其不同于其他函数，并未变为蓝色[1]。由此亦可推测此处存在错误。而界面左侧的脚本文件名也变为以红色文字表示[2]，其右方有数字1。这个数字表示该文件中的错误数量。由此可知，HelloWorld.py中有1处错误。

· 当存在输入错误时

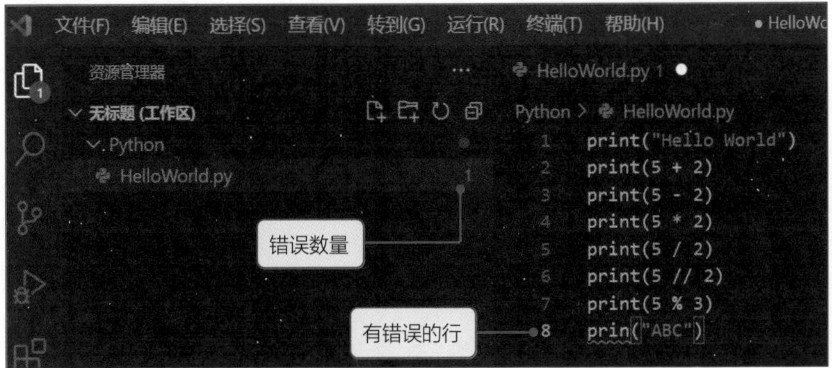

在此状态下，即使运行程序也无法得到正确的结果，必须修改错误才能让程序正确运行。

◉解读错误信息

如果要强行运行程序会怎么样呢？和刚才一样单击“运行”按钮后，程序运行到有错误的行时，将显示错误信息并结束程序。

[1] 译注：在VSCode 1.62.3中，函数不会变为蓝色，当函数名输入错误时其下方会出现波浪线。

[2] 译注：在VSCode 1.62.3中，存在错误的脚本文件名显示为黄色。

· 错误信息

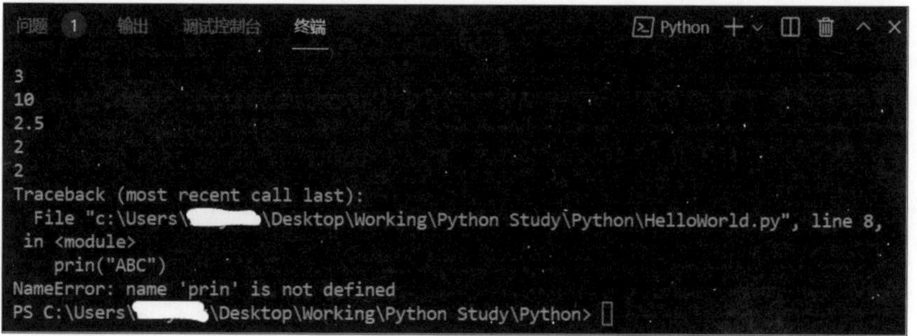

错误信息提取如下。

· 错误信息的详细信息

```
Traceback (most recent call last):
  File "c:\Users\****\Desktop\working\Python study\Python\
HelloWorld.py", line 8, in <module>
    prin("ABC")
NameError: name 'prin' is not defined
```

line 8, in 表示第 8 行存在错误。

NameError 表示该错误的类型，其后有错误的具体信息。

若将此部分翻译为中文，则为“'prin' 这一名称未定义”。这个错误和“第 1 天”中的“输错代码时”部分是一样的错误。

虽然错误信息是 Python 解释器给出的，但使用 VSCode 时解释器和编辑器相互合作，因此更容易发现错误。

通过使用 VSCode，编程将变得十分轻松。之后将使用 VSCode 编写脚本文件，以进一步学习编程。发生错误时，需解读错误信息并适当修改程序。

3 各种函数

- 理解函数的概念
- 使用 print 之外的函数
- 编写在一定程度上进行统一处理的程序

3-1 函数是什么

POINT

- 理解函数的概念
- 学习 print 函数之外的各种函数
- 编写使用了函数的各种程序

函数是什么

到目前为止，在没有特别进行详细说明的情况下，我们已经多次使用了 print 函数。本节将详细说明函数是什么，并介绍 print 之外的函数。

◉ 函数的概要

在编程中，函数指对称为**参数**的值进行某些计算或处理，并将其结果用称为**返回值**的值返回的操作。对于数学函数，参数和返回值只能是数字值，而编程函数可以处理非数字值。

列举几个函数的例子，说明参数和返回值的概念。

- 取 a、b 两个整数作为参数，将其合计作为返回值的函数。
- 在参数 a、b 中，取最大值作为返回值的函数。
- 将作为参数输入的字母字符串全转换为大写字母，并将转换后的字符串作为返回值的函数。

· 函数的概念

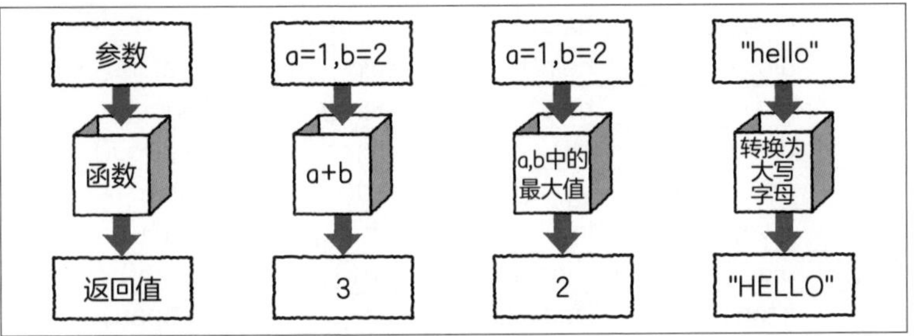

◉ Python中的函数种类

函数大致可分为**内置函数**和**自定义函数**。内置函数为 Python 从一开始便提供的函数，print 函数便是其中之一。自定义函数为程序员自己定义的函数，之后将详细说明具体的定义方法。

◉ 不存在参数或返回值的情况

编程中的函数和数学中的函数不同，存在不需要参数或返回值的情况。

print 函数的括号中的各种值就是其参数，其结果是界面中将输出的字符串或数值，但是没有**返回值**。除此之外，内置函数中还有其他没有返回值的函数。

◉ 函数的格式

Python 中的函数格式如下。

· 函数的格式

```
函数名称(参数1,参数2,…)
```

参数可接收数字或字符串等各种数据。当有多个参数时，其间用“,”（逗号）分隔。没有参数时只需写一个括号。

◉ Python的内置函数

除了已经介绍过的 print 函数之外，Python 还有以下内置函数。

• 内置函数

abs()	delattr()	hash()	memoryview()	set()
all()	dict()	help()	min()	setattr()
any()	dir()	hex()	next()	slice()
ascii()	divmod()	id()	object()	sorted()
bin()	enumerate()	input()	oct()	staticmethod()
bool()	eval()	int()	open()	str()
breakpoint()	exec()	isinstance()	ord()	sum()
bytearray()	filter()	issubclass()	pow()	super()
bytes()	float()	iter()	print()	tuple()
callable()	format()	len()	property()	type()
chr()	frozenset()	list()	range()	vars()
classmethod()	getattr()	locals()	repr()	zip()
compile()	globals()	map()	reversed()	__import__()
complex()	hasattr()	max()	round()	

下面介绍其中的几个函数及其使用方法。用 Python 开发程序时，便是从逐渐熟练使用这些函数开始。

编写使用 input 函数的程序

现在编写一个使用 **input 函数**的程序。input 在中文里是“输入”的意思，当希望用户由键盘输入某些内容时使用。

◉最简单的input函数示例

在 VSCode 中输入以下程序，并保存后运行。和 HelloWorld.py 一样，重新添加一个脚本文件 input1.py 并保存，在该文件处于前台的状态时，单击“运行”按钮。

示例2-23（Input1.py）

```
s = input()
print(s)
```

这是一个非常简单的程序，运行后终端将处于等待输入的状态。在终端中输入任意字符串并按 Enter 键，则下一行中将显示与之相同的字符串。

- input函数的运行示例

```
This is a sample of input function
This is a sample of input function
PS C:\Users\      \Desktop\Working\Python Study\Python>
```

输入字符串并按Enter键

提示用户执行输入操作的是第 1 行中的 s=input() 代码。input 函数是**获取用户输入的字符串的函数**，所获得的字符串被赋值给变量 s。由于下一行中使用 print 函数输出 s，故原封不动地输出所输入的字符串。

- input函数的操作内容

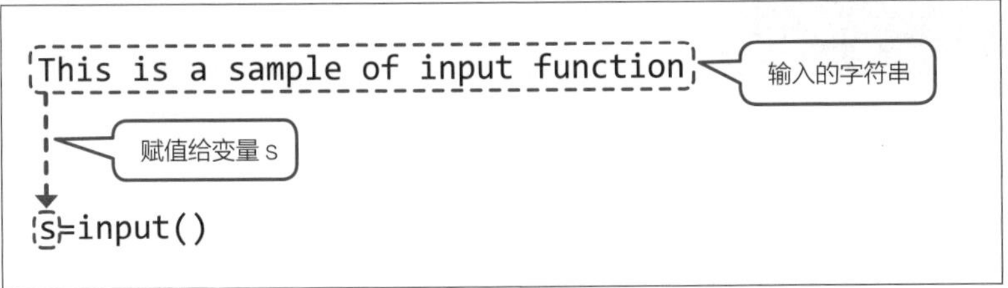

input 函数可获得由键盘输入的字符串作为返回值。如本例所示，返回值字符串可用于变量赋值等。

◉稍为高级的input函数

接着介绍 input 函数更高级的用法。在 VSCode 中输入以下程序并运行。

示例2-24（Input2.py）

```
print("请输入姓和名")
s1 = input("姓:")
s2 = input("名:")
name = "你的名字是"+s1 + s2+"吧。"
print(name)
```

在示例 2-23 中使用了不带参数的 input 函数。若和此示例一样设置参数，则可以输出提示输入的信息。

运行后输出“请输入姓和名”，下一行输出“姓：”并显示光标。在此输入姓（如“山田”）并按 Enter 键。

按下 Enter 键后接着输出“名：”并再次处于等待输入的状态。这次在此输入名（如“太郎”）并按 Enter 键。最后将输出“你的名字是山田太郎吧。”。

- input函数的操作内容

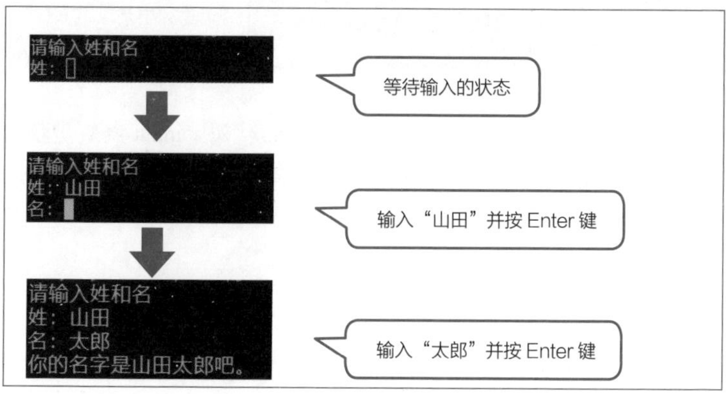

本示例中，由于编写了“input("姓：")”这一行代码，所示运行后输出“姓：”，并将之后输入的字符串赋值给变量 s1。同理，下一行输出“名：”并将输入的字符串赋值给 s2。

使用键盘输入的数字进行计算

通过使用 input 函数，可将由键盘输入的字符串赋值给变量。接下来编写用该函数进行简单计算的程序。

例如，由于使用 input 函数可以让用户使用键盘输入数字，因此作为试验，开发一个使用了此函数的计算程序。

由于这次的程序中将出现新的关键字和函数，所以长度较长。请读者不必着急，务必无误地在 VSCode 中输入程序并运行。

示例2-25（Input3.py）

```
'''
两数加法运算的程序
执行所输入的两个整数的加法运算
'''
# 使用键盘输入需要的数字
x = input("第1个数字:")
y = input("第2个数字:")
# 将输入的字符串转换为整数
n1 = int(x)
n2 = int(y)
# 对所输入的两个数进行加法运算
print("{} + {} = {}".format(n1,n2,n1+n2))
```

运行程序后将输出“第 1 个数字 :”。在此输入任意整数后按 Enter 键。输入后，这次输出“第 2 个数字 :”，同样输入整数并按 Enter 键。然后将输出计算两数相加的算式及其结果。

· 示例2-25的运行结果

```
第1个数字:5   ← 使用键盘输入第 1 个数字（5）并按 Enter 键
第2个数字:3   ← 使用键盘输入第 2 个数字（3）并按 Enter 键
5 + 3 = 8    ← 输出 5+3 的计算结果
```

读者可重复运行该程序并用各种数字组合进行计算，可以看到每次都能准确地输出计算结果。

根据“第 1 天”学到的知识，在进行不同的计算时，需多次输入不同的算式。但在这个程序中只需输入数字即可，因此可以十分轻松地进行计算。

接下来讲解该程序的结构。

◉ 注释

注释（comment）是添加在程序中的解释说明，其本身不会对程序运行产生任何影响。但是，有没有注释，程序的易读性是完全不同的。在编写较长的程序时，通过记述让程序进行什么操作，在重新看程序时会更容易看懂每一段代码的含义，因此注释必不可少。

Python 中的注释有以下两种。

（1）在第 1~4 行中、用 '''（3 个撇号）包围起来的区域被称为**块注释**，可跨行记录多行注释。

· 块注释

```
01 '''
02 两数加法运算的程序
03 执行所输入的两个整数的加法运算
04 '''
```

（2）第 5 行、第 8 行、第 11 行中以 # 开头的注释被称为**行注释**，是只能写一行的注释。

· 行注释

```
05 # 使用键盘输入需要的数字
```

多数情况下，块注释用于说明整个程序（例如，在程序开头），而行注释用于在程序中需要说明的地方插入附加注释。

◉将字符串转换为数值

接下来讲解程序的内容。首先讲解数值的输入。虽然用户想要使用键盘输入整数，但 input 函数会将输入的内容作为字符串处理。

因此，需要将通过 input 函数输入的字符串转换为整数。此时用到的是 int 函数。该函数将位于括号内的字符串参数转换为整数，并将转换后的结果作为返回值返回。

例如，在 x=input(" 第 1 个数字 :") 这一操作中输入了 5。此时，字符串 5 被赋值给了变量 x。若不进行处理则无法进行整数运算，因此使用 **int 函数**将其转换为整数并赋值给变量 n1。对于 y 也执行相同的操作，将整数赋值给 n2。因此，可通过 n1+n2 进行两个数的加法运算。

· input函数的操作内容

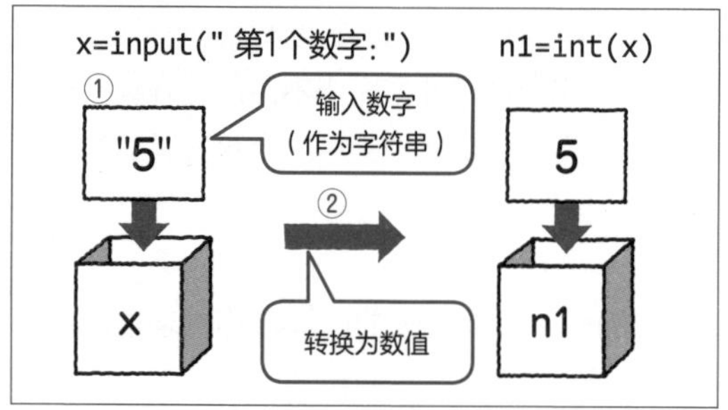

Python 中还有其他像这样转换数据类型的函数。其中具有代表性的函数见下表。

· 用于数据类型转换的函数

函数	具体功能	参数	返回值	使用示例	示例的返回值
int	将字符串转换为整数	字符串	整数	`int("10")`	10(整数)
float	将字符串转换为实数	字符串	小数	`float("1.24")`	1.24（小数）
str	将数值等转换为字符串	任意值	字符串	`str(312)`	"312"(字符串)

◉ print的高级用法

第 12 行中的 print 语句使用了之前未讲解过的用法。

```
print("{} + {} = {}".format(n1,n2,n1+n2))
```

format 称为方法，其用法和函数基本相同。括号中的参数值会被插入到“.”（句点）前的字符串中的 {} 内。当 n1 为 5，n2 为 3 时，第 1 个 {} 中插入 5，第 2 个 {} 中插入 3，最后的 {} 中插入 n1+n2 的值 8。

· print函数与format的组合

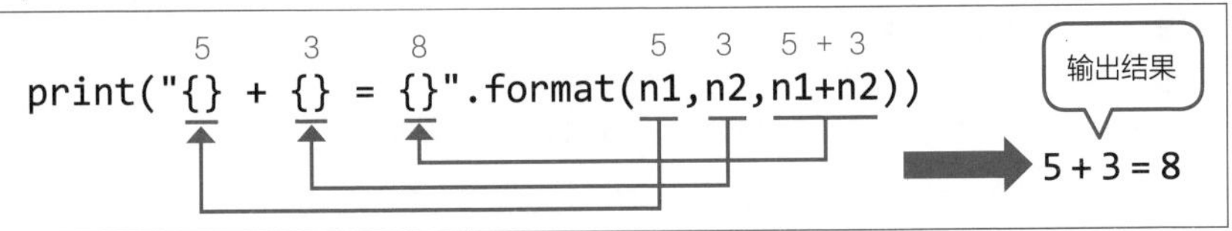

关于方法，稍后将进行详细讲解。

str 函数与数值

用 str 函数将数值转换为字符串后，数值被作为字符串处理。例如，1+2 的结果为 3，而 "1"+"2" 为字符串连接，结果为 12。

若使用这个函数，则在往字符串中插入变量的值并输出时将十分方便。但若使用方法有误，则会得到意想不到的结果。实际运行以下程序并观察其不同。

示例2-26（str1.py）

```
# 将数值赋值给各个变量
a = 1
b = 2
d = 1.2
e = 3.4
# 使用变量进行计算
print("** 数值计算 **")
print("{} + {} = {}".format(a,b,a+b))
print("{} + {} = {}".format(d,e,d+e))
# 使用str函数将数值转换为字符串
a_s = str(a)
b_s = str(b)
```

```
d_s = str(d)
e_s = str(e)
# 进行字符串运算
print("** 字符串运算 **")
print("{} + {} = {}".format(a_s,b_s,a_s+b_s))
print("{} + {} = {}".format(d_s,e_s,d_s+e_s))
```

· 运行结果

```
** 数值计算 **
1 + 2 = 3
1.2 + 3.4 = 4.6
** 字符串运算 **
1 + 2 = 12
1.2 + 3.4 = 1.23.4
```

一开始的两个运算为整数变量 a、b 及实数变量 d、e 的运算，因此运算符 + 为加法运算的运算符，运行后得到加法运算的结果。

而在将这些变量转换为字符串后的 a_s、b_s、d_s 和 e_s 的运算中，+ 为连接运算符。

· 即使看上去是数字，但使用str函数转换后也可作为字符串处理

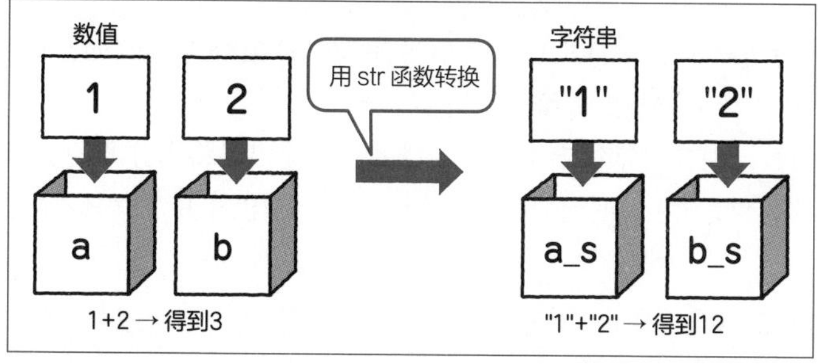

3-2 类与对象

POINT

- 理解类和对象的概念
- 理解 Python 数据类型和类的关系
- 理解在什么情况下使用类

类与对象

在 Python 中谈论数据时必须要理解的是**对象（object）**这一概念。object 在汉语中意为“物体”，是抽象地表示数据的概念。

以对象为中心思考各种操作的编程方式称为**面向对象**。用 Python 处理的数据皆为对象。也就是说，整数、浮点数、字符串等都是对象。

◉ 类是什么

对象有各种类型。每种类型被称为**类（class）**，且各个类都有各自的名字。例如，整数类名为 int，浮点数类名为 float，字符串类名为 string。也就是说，用 Python 处理的所有数据都可归类到某一个类中。

◉ 实例

由类生成的数据实体被称为**实例**。若单是类则无法进行任何处理，只有通过生成实例才能进行各种操作。对象也可以与实例同义。

整数类 int 的实例为 1、2、−4、0 等数字。所谓用整数进行计算，具体便是用 1、2、−4、0 等具体的数字（实例）进行计算。

同理，浮点数类 float 相当于 3.14、−0.1 等实例，字符串类 string 相当于“Hello”“编程”等实例。

· 主要的类与实例

类	概要	实例示例
int	整数	1、2、-4、0
float	浮点数	3.14、-0.1
string	字符串	"Hello" "编程"
bool	布尔值	True、False
list	列表	[1,2,3]、["A","B"]
tuple	元组	(1,2,3)、("A","B")
dict	字典	{"Japan":"日本","USA":"美国"}
set	集合	{1,2,3}、{"Red","Blue"}

参考

关于列表、元组、字典和集合，将在“第 5 天”中进行讲解。

方法

Python 将数据作为对象处理，通过执行对应各个类的各种操作以进行数据处理。这样的操作被称为**方法**。

◉方法的用法

方法是指各个对象所具有的、针对其自身的操作。若以人类使用的语言为例，则对象类似于主语，方法类似于动词。

在实例后加上“.”，然后添加方法。其语法格式如下。

· Python中使用方法的语法格式

```
实例.方法(…)
```

可使用的方法的种类根据类的不同而不同。

◉方法的使用示例

例如，字符串有将字符串转换为小写字母的 lower 和把字符串全部转换为大写字母的 upper 等方法。

当有字符串 Hello 时，代码 "Hello".lower() 可得字符串 "hello"。所得结果也是 string 类的实例（对象）。同理，代码 "Hello".upper() 可得字符串实例 "HELLO"。

· 通过方法操作对象

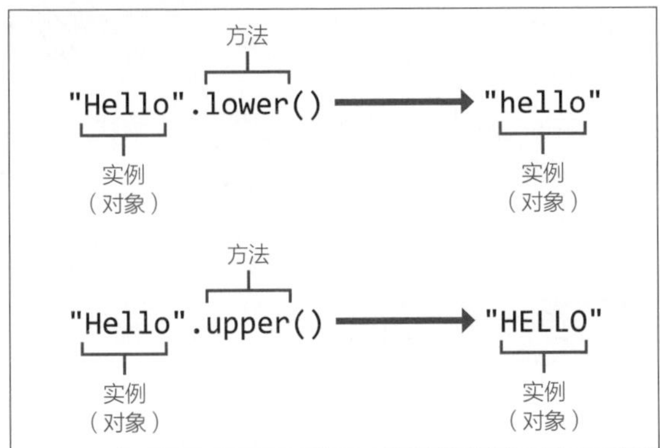

在示例 2-25 中使用的 format 实际上也是字符串的方法。通过这个方法，执行往字符串中插入值的操作。

如此，在 Python 程序中会通过方法对各种对象进行操作。

例题 2-4 ★☆☆

让用户使用键盘输入两个整数并输出其加法运算、减法运算、乘法运算和除法运算的结果。除法运算的结果用整数表示，同时输出余数。

· 运行结果

```
第1个整数:15   ← 使用键盘输入第 1 个整数并按 Enter 键
第2个整数:4    ← 使用键盘输入第 2 个整数并按 Enter 键
15 + 4 = 19
15 - 4 = 11
15 × 4 = 60
15 ÷ 4 = 3 余 3
```

答案示例与解析

用 input 语句让用户输入整数，并用 int 函数将输入内容转换为整数后进行计算。

· 答案示例（ex2-4.py）

```
01 x = input("第1个整数:")
02 y = input("第2个整数:")
03 
04 a = int(x)
05 b = int(y)
06 
07 print("{} + {} = {}".format(a,b,a + b))
08 print("{} - {} = {}".format(a,b,a - b))
09 print("{} × {} = {}".format(a,b,a * b))
10 print("{} ÷ {} = {} 余 {}".format(a,b,a // b,a % b))
```

通过第 1 行及第 2 行中的代码，将使用键盘输入的整数赋值给变量 x、y。

接着用 int 函数把 x 和 y 分别赋值给整数型变量 a 和 b。

然后用 print 函数输出算式和计算结果。由于最后的除法运算要求用整数表示结果，因此使用运算符 // 而非 /。

例题 2-5 ★☆☆

编写程序，让用户使用键盘输入字符串，然后输入整数。输入的整数为多少，就将一开始输入的字符串重复多少次。

例如，一开始输入 Hello，然后输入 3，则输出 HelloHelloHello。

• 运行结果

```
输入字符串:Hello ←— 输入字符串并按 Enter 键
输入重复次数:3 ←— 输入次数并按 Enter 键
HelloHelloHello
```

答案示例与解析

用 input 函数让用户输入字符串和数值，并使用字符串和运算符 * 多次重复字符串。

• 答案示例（ex2-5.py）

```
#输入字符串与重复次数
s = input("输入字符串:")
x = input("输入重复次数:")
# 将重复次数转换为整数
a = int(x)
# 输出结果
print(a * s)
```

第 2 次的输入 x 为重复次数，使用 int 函数将其转换为整数型变量 a。然后通过使用运算符 *，将该次数应用于字符串，实现重复输出。

例题 2-6 ★☆☆

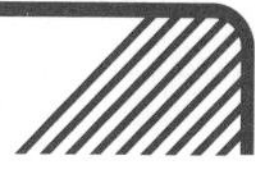

让用户使用键盘输入梯形的上底、下底和高，计算并输出其面积。

· 运行结果

```
上底(cm):5.0 ← 使用键盘输入上底并按 Enter 键
下底(cm):4.0 ← 使用键盘输入下底并按 Enter 键
高(cm):3.0 ← 使用键盘输入高并按 Enter 键
面积13.5cm2
```

答案示例与解析

通过 input 语句由键盘输入的数值不仅限于整数。因此，为了让程序可以处理实数，需用 float 函数转换数据类型。

· 答案示例（ex2-6.py）

```python
# 输入上底、下底和高
x = input("上底(cm):")
y = input("下底(cm):")
z = input("高(cm):")
# 将输入的值转换为实数
u = float(x)
d = float(y)
h = float(z)
# 计算面积
s = (u + d) * h / 2.0
# 输出计算结果
print("面积 {}cm2".format(s))
```

虽然是用公式计算梯形的面积，但在除以 2 时需用实数 2.0 而非整数 2。这样可明确表示此运算处理带小数点的数值，故更为完美。

4 练习题

答案见第 277 ~ 278 页。

问题 2-1 ★☆☆

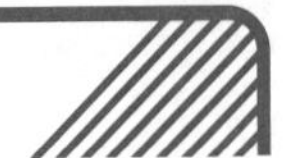

编写程序，让用户使用键盘输入 3 个整数，并计算它们的和。

· 运行示例

```
第1个数:3 ←—— 使用键盘输入并按 Enter 键
第2个数:5 ←—— 使用键盘输入并按 Enter 键
第3个数:7 ←—— 使用键盘输入并按 Enter 键
3 + 5 + 7 = 15
```

问题 2-2 ★☆☆

编写程序，让用户使用键盘输入姓名和年龄，并输出“○○ XX 岁。”。

· 运行示例

```
姓名:Taro ←—— 使用键盘输入并按 Enter 键
年龄:18 ←—— 使用键盘输入并按 Enter 键
Taro 18岁。
```

问题 2-3 ★☆☆

编写程序，让用户使用键盘输入圆的半径，并输出圆的周长和面积。圆周率取 3.14。

· 运行示例

```
圆的半径(cm):8.0 ←—— 使用键盘输入并按 Enter 键
圆的周长:50.24cm 面积:200.96cm2
```

第3天

条件分支结构

❶ if 语句条件分支结构
❷ 多种条件分支结构
❸ 复杂的条件分支结构
❹ 练习题

1 if语句条件分支结构

- 学习条件分支结构
- 学习 if 语句的用法
- 理解复杂的条件分支结构的写法

1-1 if 语句

POINT

- 理解条件分支结构
- 理解最基本的条件分支结构——if 语句
- 尝试编写包含 if 语句的程序

需要条件分支结构的场景

我们在日常生活中会进行各种选择。例如，当上下班时乘坐的电车因出故障而无法乘坐时，需要乘坐公交车或其他交通工具。晴天时可以去郊游或举办运动会，但下雨时需要延期或中止。

如此，根据条件改变处理方式的场景被称为**条件分支**。

语法格式与处理流程

条件分支是编程中不可或缺的结构。在 Python 中，用 **if 语句**进行条件分支处理。if 为“如果”之意，只有当一定条件成立时才执行相应的操作。

• if语句的语法格式

```
if 条件:
    操作A
操作B
```

条件之后必须有 :（冒号），而且在条件成立时执行的操作 A 必须**缩进**（indent）。在 VSCode 等文本编辑器中可按 Tab 键进行缩进。

当条件成立时，按照"操作 A →操作 B"的顺序运行程序。

• 条件分支结构的流程图

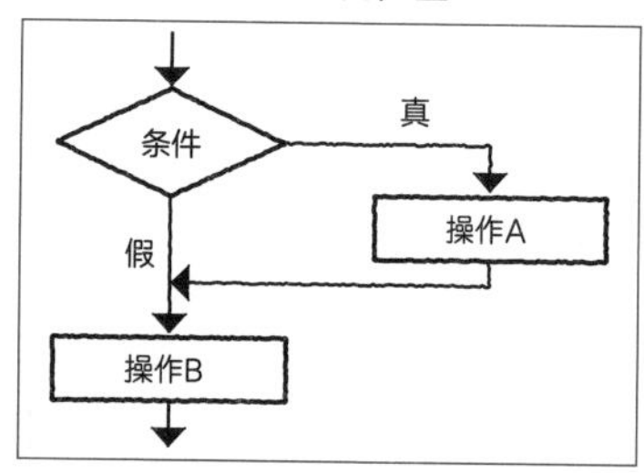

在流程图中，当条件成立时记为"真"，当条件不成立时记为"假"。

当条件不成立时只执行操作 B。当操作 A 的部分为多行时，所有行都必须缩进，因为缩进表示操作范围。

术语

缩进

缩进是指输入空格以缩进行首，在 Python 中用于表示操作范围（语句块）。

◉使用if语句

在 VSCode 中输入以下 if 语句的示例并运行。

示例3-1（if_示例1.py）

```
# 输入年龄
age = input("年龄:")
# 将年龄转换为数字
age = int(age)
# 判断年龄是否大于等于20岁
if age >= 20:
```

```
07        print("20岁或以上")
08    print("年龄确认完毕")
```

运行程序后输出“年龄 :”并要求输入年龄。运行结果根据输入的年龄而不同。若输入 20 岁以上的年龄则结果如下。

· 运行结果①（输入20岁以上的年龄时）

```
年龄:24  ◀── 输入 20 岁以上的年龄
20岁或以上
年龄确认完毕
```

与此相对，若输入不满 20 岁的年龄则结果如下。

· 运行结果②（输入不满20岁的年龄时）

```
年龄:19  ◀── 输入不满 20 岁的年龄
年龄确认完毕
```

输入年龄后，只输出“年龄确认完毕”便结束程序。

◉根据条件改变程序的进程

本节介绍上述程序的进程。首先通过第 2 行中的 input 函数让用户使用键盘输入年龄，并将其赋值给变量 age。然后在第 4 行中，用 int 函数将赋值给变量 age 的字符串转换为整数，并重新赋值给变量 age。由此，变量 age 中存储了整数的年龄。

第 6 行中的 age >= 20 是一个**条件表达式**，表示“变量 age 大于等于 20”。若输入的 age 为 24，则条件成立，故输出“20 岁或以上”。最后输出“年龄确认完毕”并结束程序。

若输入小于 20 的数（如 19），则 age=19。如此，由于不满足 age 大于等于 20 这一条件，所以不执行输出“20 岁或以上”这一操作。

· 示例3-1的操作示意图

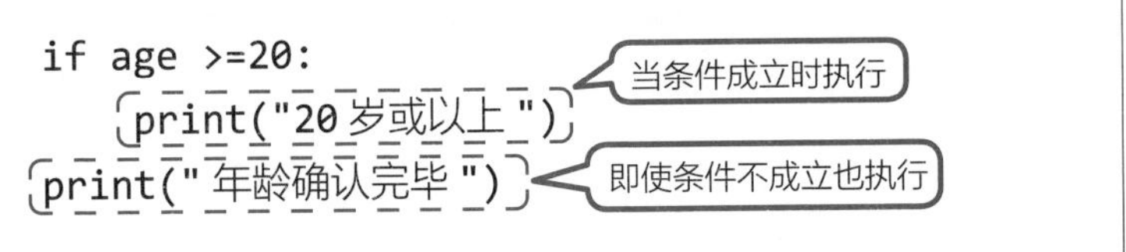

用流程图表示条件判断的部分如下图所示。

· 示例3-1的处理流程图

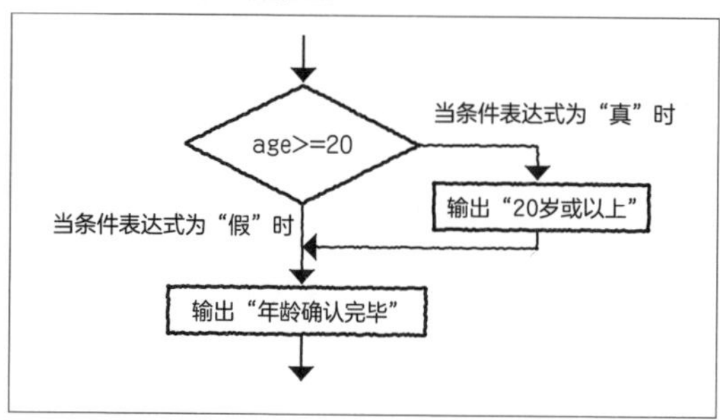

◉数值的比较表达式

在示例 3-1 中，用于判断变量 age 是否大于等于 20 的条件表达式为 age >= 20。除此之外，还有许多编写条件表达式的方法。以下符号可用于 if 语句中常用的数值条件表达式。

· 可用于if语句的具有代表性的条件表达式（当对象为数值时）

符号	含义	使用示例
<	小于	a < 5
<=	小于等于	a <= -5
>	大于	b > 22
>=	大于等于	b >= -3.1
==	相等	i == 4
!=	不相等	num != -1

条件表达式与逻辑值

在 if 语句中需要编写条件表达式。条件表达式是用布尔值返回结果的运算处理。当条件中的内容正确时返回 True，错误时返回 False。

尝试在 Python Shell 中输入以下条件表达式。

示例3-2

```
6 > 3
```

· 运行结果

```
True
```

这个条件表达式表示“6 大于 3”。该描述正确，其运算结果为 True。

示例3-3

```
-13 == 12
```

· 运行结果

```
False
```

这个条件表达式表示“-13 等于 12”。该描述不正确，其运算结果为 False。

◉if语句中条件表达式的内容

通过条件表达式的结果是 True 还是 False，可以判断 if 语句的条件表达式中的内容是否正确。换言之，**if 语句是当条件表达式为 True 时产生分支的结构**。

字符串比较

接下来介绍字符串比较。在 VSCode 中输入以下示例并运行。

示例3-4（if_示例2.py）

```
s = input("s=")
# 比较两个字符串是否相等
if s == "abc" :
    print("s is abc")

# 比较两个字符串是否不相等
if s != "def" :
    print("s is not def")
```

使用键盘输入的字符串被赋值给变量 s，若其值为 abc，则输出 s is abc。

关于 def 的判断也是一样的。不同的是，前者用 == 进行，而后者用 != 进行比较。

下面观察一下根据输入值的不同，结果会产生怎样的变化。

◉场景① 输入abc时

首先看一下输入字符串 abc 的情况。在此情况下，s=="abc" 为 True，所以输出 s is abc。同理，s!="def" 也为 True，所以输出 s is not def。

· 运行结果①（输入abc时）

```
s=abc
s is abc
s is not def
```

◉场景② 输入def时

接着看输入字符串 def 的情况。在此情况下，s=="abc" 为 False，所以不会输出 s is abc。而 s!= "def" 也为 False，所以也不会输出 s is not def。

其结果为不输出任何信息。

· 运行结果②（输入def时）

```
s=def
```

◉场景③输入abc和def以外的字符串时

最后看一下输入字符串 ghi 的情况。在此情况下，s=="abc" 为 False，所以不会输出 s is abc。但 s!="def" 为 True，所以输出 s is not def。

· 运行结果③（输入abc和def以外的字符串时）

```
s=ghi
s is not def
```

◉用于比较字符串的条件表达式

以下是用于字符串的典型条件表达式。

- 可在if语句中使用的典型条件表达式（当对象为字符串时）

符号	含义	使用示例
<	在字典中位置更靠前	s < "Hello"
<=	在字典中位置相同或更靠前	s <= "Hello"
>	在字典中位置更靠后	s > "Hello"
>=	在字典中位置相同或更靠后	s >= "Hello"
==	相等	s == "Hello"
!=	不相等	s != "Hello"
in	一个字符串中是否包含另一字符串	"abc" in s
not in	一个字符串中是否不包含另一字符串	"abc" not in s
startswith()	开头一致。是否以()中的字符开头	s.startswith("abc")
endswith()	结尾一致。是否以()中的字符结尾	s.endswith("def")

字符串的大小关系（顺序）通过字符编码（UTF-8）的大小进行比较。虽然英语单词和字典中的排列顺序一致，但汉字并不一定与字典中的排列顺序一致。这一点还请读者注意。

例题 3-1 ★☆☆

编写执行以下操作的程序。

（1）首先，输出“猜数字游戏”。

（2）输出“a=”后，让用户使用键盘输入第 1 个整数。

（3）输出“b=”后，让用户使用键盘输入第 2 个整数。

（4）输出“a+b=”后，让用户使用键盘输入一个整数。

（5）若（4）中输入的数字等于（2）和（3）中输入的数字的和，则输出“回答正确”。

- 运行示例 ①（回答正确时）

```
猜数字游戏
a=2           ← 使用键盘输入整数
b=3           ← 使用键盘输入整数
a + b = 5     ← 使用键盘输入正确答案
回答正确
```

· 运行示例②（回答错误时）

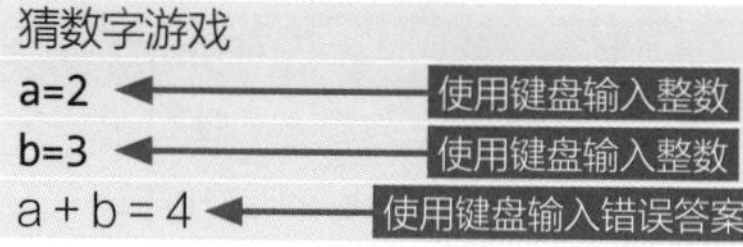

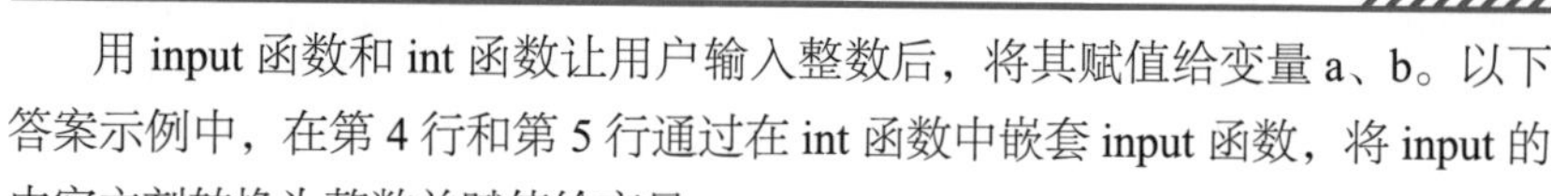

答案示例与解析

用 input 函数和 int 函数让用户输入整数后，将其赋值给变量 a、b。以下答案示例中，在第 4 行和第 5 行通过在 int 函数中嵌套 input 函数，将 input 的内容立刻转换为整数并赋值给变量。

然后在第 7 行中将第 3 个整数赋值给变量 c，并比较其值是否和 a+b 相等。若相等则输出“回答正确”，若回答错误则什么也不输出。

答案示例（ex3-1.py）

```
01 # 输出游戏名称
02 print("猜数字游戏")
03 # 输入a、b的值
04 a = int(input("a="))
05 b = int(input("b="))
06 # 输入a+b的值
07 c = int(input("a + b = "))
08 if a + b == c:
09     print("回答正确")
```

例题 3-2 ★☆☆

编写一个程序，让用户使用键盘输入字符串，若该字符串中包含 Hello 则输出提示信息，说明字符串中包含 Hello。运行示例如下。

- 运行示例①（字符串中包含Hello时）

```
s=Hello World   ←使用键盘输入字符串
Hello is in 'Hello World'
```

- 运行示例②（字符串中不包含Hello时）

```
s=World   ←使用键盘输入字符串
```

答案示例与解析

首先用 input 输入字符串并将其赋值给变量 s，然后用条件表达式 "Hello" in s 判断 s 中是否包含字符串 Hello。若包含则得到 True，若不包含则得到 False。

- 答案示例（ex3-2.py）

```
s = input("s=")
# 判断字符串中是否包含Hello
if "Hello" in s :
    print("Hello is in \'{}\'".format(s))
```

此示例中输入的字符串被 '（单引号）括起来。这个符号和 "（双引号）一样是在表示字符串时使用的符号。由于无法直接使用，因此用转义符进行编写。

2 多种条件分支结构

- 学习在条件不成立时进行分支处理的方法
- 学习有多个分支时的编程方法
- 编写更具实践性的条件分支结构的示例

2-1 条件不成立时的条件分支结构

- 学习条件不成立时的编程方法
- 理解 if~else 语句的语法格式写法
- 学习更具实践性的条件分支结构的示例

if ~ else 语句

使用 if 语句可在满足一定条件时执行不同操作。但条件分支结构并不仅限于此。接下来介绍仅用 if 语句无法表达的复杂条件分支结构。

首先要介绍的是 if~else 语句。当希望在一定条件成立或不成立时，分别有不同的操作内容，使用的便是 if~else 语句。例如，如果是晴天就举行运动会，如果下雨就上课。else 读作 /els/，中文意思为“否则”。

◉语法格式与运行流程

通过组合使用 if 和 else，可编写当条件不成立时执行的操作。其语法格式如下。

· if ~ else语句的语法格式

```
if 条件:
    操作A
else:
    操作B
操作C
```

若 if 语句中的条件成立则执行操作 A，若不成立则执行操作 B。最后执行操作 C。若将其用流程图描述，则如下图所示。

· if ~ else的流程图

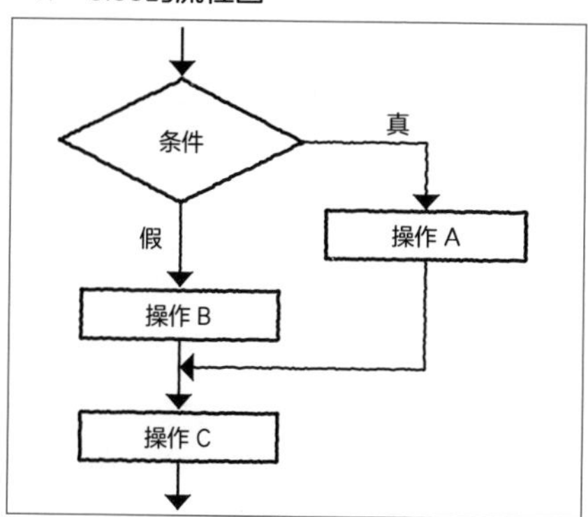

◉if ~ else的使用示例

和只使用 if 语句时相同，当 else 部分的操作需要编写多行操作时，各行都需在保持缩进的状态下编写相应操作，并在操作结束后取消缩进。

那么赶紧试着运行一个使用了 if~else 的简单示例吧。

示例3-5（if_示例3.py）

```
# 输入年龄
age = input("年龄:")
# 将年龄转换为数值
age = int(age)
if age >= 20:
    # 当年龄大于等于20岁时
    print("20岁或以上")
else:
    # 当年龄不满20岁时
    print("不满20岁")
print("年龄确认完毕")
```

首先输入一个大于20岁的年龄。

- 运行结果①（输入20岁以上的年龄时）

```
年龄:24 ◀── 输入20岁以上的年龄
20岁或以上
年龄确认完毕
```

由于满足if语句的条件，所以和示例3-1一样，输出“20岁或以上”后输出“年龄确认完毕”，然后结束程序。

与此相对，若输入一个不满20岁的年龄则结果如下。

- 运行结果②（输入不满20岁的年龄时）

```
年龄:19 ◀── 输入不满20岁的年龄
不满20岁
年龄确认完毕
```

可见，由于if语句的条件不成立，因此执行else语句中的操作，输出“不满20岁”。最后输出“年龄确认完毕”。

在示例3-1中，由于只使用了if，因此只能编写当输入的年龄为20岁或以上时的操作。与之相对，可以看到本例中由于使用了else，因此还可以编写当if语句的条件不成立时的操作。

下图就是本例的流程图。

- 示例3-5的流程图

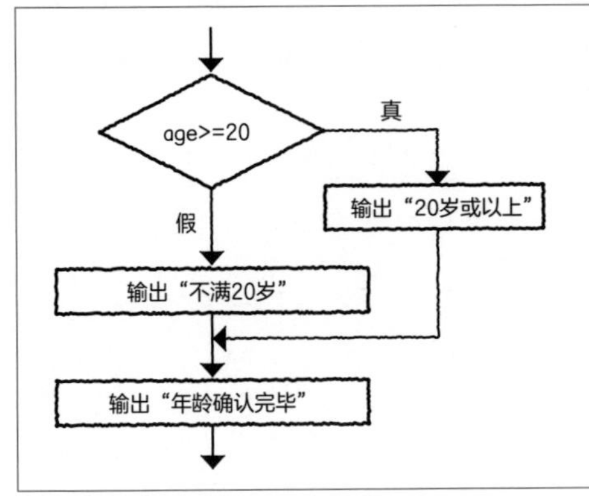

例题 3-3 ★☆☆

编写执行以下操作的程序。

（1）首先，输出“猜数字游戏”。

（2）输出“a=”后，让用户使用键盘输入第 1 个整数。

（3）输出“b=”后，让用户使用键盘输入第 2 个整数。

（4）输出“a+b=”后，让用户使用键盘输入 1 个整数。

（5）若（4）中输入的数字等于（2）和（3）中输入的数字的和，则输出“回答正确”。

（6）若（4）中输入的数字不等于（2）和（3）中输入的数字的和，则输出“回答错误”。

回答正确时的运行结果和例题 3-1 相同。

· 运行示例①（回答正确时）

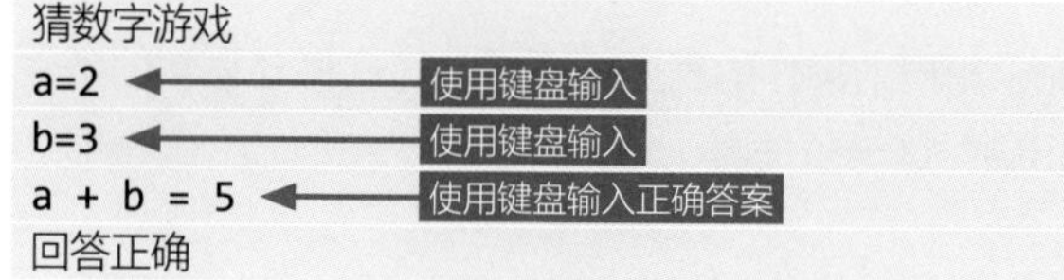

```
猜数字游戏
a=2
b=3
a + b = 5
回答正确
```


不过，当回答错误时，则输出“回答错误”这一信息。

· 运行示例②（回答错误时）

```
猜数字游戏
a=2
b=3
a + b = 4
回答错误
```

答案示例与解析

此例题和例题 3-1 相近，区别是增加了（6）回答错误的情况。由于已在（5）中由 if 语句执行了对回答是否正确的判断，因此用与（5）中的 if 语句相对的 else 语句编写（6）中的操作。

因此，答案如下。

· 答案示例（ex3-3.py）

```
# 输出游戏名称
print("猜数字游戏")
# 输入a、b的值
a = int(input("a="))
b = int(input("b="))
# 输入a+b的值
c = int(input("a + b = "))
if a + b == c:
    print("回答正确")
else:
    print("回答错误")
```

此程序和例题 3-1 的答案示例几乎一样，区别在于增加了最后两行的 else 操作这一点。这里用 else 语句编写当条件表达式 a + b == c 不成立时的操作。

例题 3-4 ★☆☆

编写执行和例题 3-3 完全相同的操作的程序。不过，这次将 if 语句的条件改为“加法运算的结果不正确”这一条件。

答案示例与解析

本例题和例题 3-3 相近。区别是 if 语句中编写的条件表达式。由于以加法运算的结果不正确为条件，因此条件表达式为 a+b 的值和 c 的值不相等。由于此条件表达式为 a+b!=c，因此程序及答案如下。

· 答案示例（ex3-4.py）

```
# 输出游戏名称
print("猜数字游戏")
# 输入a、b的值
a = int(input("a="))
b = int(input("b="))
# 输入a+b的值
c = int(input("a + b = "))
if a + b != c:
    print("回答错误")
else:
    print("回答正确")
```

由于理论上 if 语句的条件和例题 3-3 完全相反，所以 if 和 else 中的操作也完全相反。但由于每种情况下的操作内容相同，因此和例题 3-3 有相同的运行效果。

例题 3-5 ★☆☆

编写程序，让用户由键盘输入字符串，若所输入的字符串多于 10 个字符，则输出“这是一个 10 个字符以上的单词”，否则输出“这是一个不足 10 个字符的单词”。

· **运行结果①（10个字符以上时）**

```
文字列:supercalifragilisticexpialidocious  ←使用键盘输入
这是一个10个字符以上的单词
```

· **运行结果②（不足10个字符时）**

```
字符串:apple  ←使用键盘输入
这是一个不足10个字符的单词
```

答案示例与解析

这道例题需使用 Python 的内置函数 **len 函数**。将字符串传递给参数后，此函数会将该字符串的字符数作为返回值返回。通过使用这个函数，可编写如下程序。

· **答案示例（ex3-5.py）**

```
# 输入字符串
s = input("字符串:")
if len(s) >= 10:
    print("这是一个10个字符以上的单词")
else:
    print("这是一个不足10个字符的单词")
```

Python 3 中用 UTF-8 作为标准字符编码。在 UTF-8 中，半角字符（如“123”）和全角字符（如“一二三”）都计为 1 个字符。即使文字数量相同，全角字符的句子看上去长度相当于半角字符的 2 倍，但 len 函数不区分半角字符和全角字符，最终只计算文字数量。

2-2 用 elif 语句形成多条件分支

POINT

- 学习有多个条件时的编程方法
- 理解 if~elif~else 语句的语法格式写法
- 学习更具实践性的条件分支示例

多个分支

条件分支结构的分支并不只有双分支（如 Yes、No，或“右”“左”），还有需要从多个选项（如交通信号灯的“红”“黄”“绿”,或猜拳中的“石头”“剪刀”“布”，或一周中的某一天）中进行选择的情况。

此时用起来十分方便的便是 elif 语句。**elif** 是 else if 这一语句的缩写，意为“否则，假如……”。其语法格式为 if~elif~else。当 if 语句不成立时，也可编写多个条件表达式。

· if ~ elif ~ else的语法格式

```
if 条件1:
    操作A
elif 条件2:
    操作B
elif 条件3:
    操作C
else:
    操作D
操作E
```

在这个结构中，若条件 1 成立则执行操作 A。当条件 1 不成立时，条件 2 成立则执行操作 B。若条件 1~ 条件 3 中的任何一个条件都不成立，则执行 else 中的操作 D。以此类推，根据条件执行操作 A ~操作 D 中任一操作后执行操作 E。

· if ~ elif ~ else的运行流程图

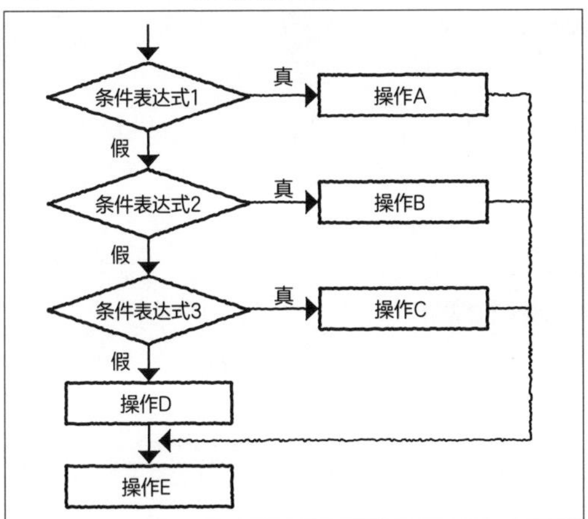

◎if ~ elif ~ else的使用示例

试着实际使用 if~elif~else 运行简单的示例。

示例3-6（if_示例4.py）

```
# 由键盘输入数值并赋值给变量a
a = int(input("a="))
if a == 1:
    # a为1时的操作
    print("a是1！")
elif a== 2:
    # a为2时的操作
    print("a是2！")
else:
    # a既不是1也不是2时的操作
    print("a是1、2以外的数")
```

运行此程序后输出 a=，要求由键盘输入一个数字。这里首先输入数字 1。

· 运行结果①（输入1时）

由运行结果可知，输入 1 后将输出“a 是 1！”并结束程序。同理，输入 2 则输出“a 是 2！”并结束程序。

· 运行结果②（输入2时）

```
a=2  ← 使用键盘输入“2”
a是2！
```

然而，若输入 1 或 2 以外的数字（如 3），则输出“a 是 1、2 以外的数”并结束程序。

· 运行结果③（输入1、2以外的数字时）

```
a=3  ← 使用键盘输入 1 和 2 之外的数字
a是1、2以外的数
```

下面来看一下运行流程。

用一开始的 if 语句判断数字的值是否为 1。若为 1 则输出“a 是 1！”并结束程序。但若 a 是 1 以外的数字，则操作将移至 elif 行。这里进一步判断 a 是否为 2。

若 a 为 2 则输出“a 是 2！”并结束程序。

如果最后这两个条件都不满足，即 a 既不是 1 也不是 2 时，则执行最后的 else 语句。这里输出“a 是 1、2 以外的数”并结束程序。

试着绘制这一系列操作的流程图以整理操作内容。请读者一边仔细参照程序内容，一边查看图。

· 示例3-6的流程图

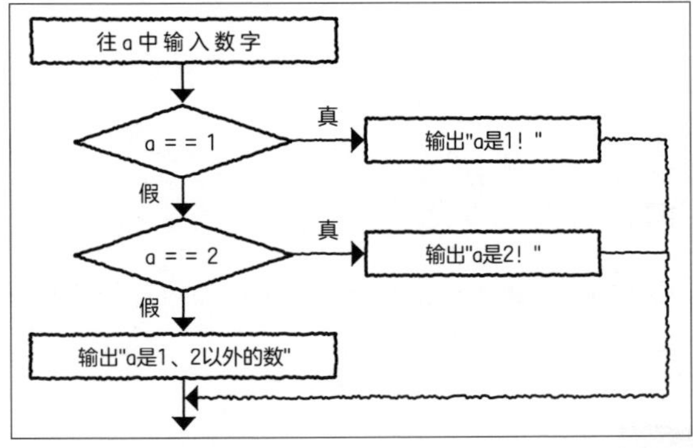

例题 3-6 ★☆☆

编写程序，期望运行结果如下，当输入月份编号（1~12）时用英语输出该月份。

· 希望的运行结果①（输入1~12中任一数字时）

```
输入月份(1～12):4
April
```

输入意为 4 月的“4”并按 Enter 键

但是，如果输入的数字超出 1~12 这一范围，输出“请输入正确的数字。”并结束程序。

· 希望的运行结果②（输入1~12以外的数字时）

```
输入月份(1～12):0
请输入正确的数字。
```

输入 1~12 以外的数字

各月份的英文单词可参考下表。

月份	英文名称
1月	January
2月	February
3月	March
4月	April
5月	May
6月	June
7月	July
8月	August
9月	September
10月	October
11月	November
12月	December

答案示例与解析

通过分析使用键盘输入的数字，可知需要有月份数量 +1（1~12 及其他数字）个数字，即可满足进行条件分支的 if~elif~else 操作。例如，若 m 为 1 则输出 January，若 m 为 2 则输出 February，以此类推，第一个条件用 if 编写，之后用 elif 编写连续的条件分支。

最后的 else 为当输入了 1~12 以外的数字时的操作。

· 答案示例（ex3-6.py）

```
# 输入月份
m = int(input("输入月份(1～12):"))
# 将月份转换为英文并输出
if m == 1:
    print("January")
elif m == 2:
    print("February")
elif m == 3:
    print("March")
elif m == 4:
    print("April")
elif m == 5:
    print("May")
elif m == 6:
    print("June")
elif m == 7:
    print("July")
elif m == 8:
    print("August")
elif m == 9:
    print("September")
elif m == 10:
    print("October")
elif m == 11:
    print("November")
elif m == 12:
    print("December")
else:
    print("请输入正确的数字。")
```

即便如此，也有 13 条分支。读者想必也注意到了，若每条分支都编写相同的操作，程序就会变得冗长。

应该有不少人会想：是否有更加高效的方法呢？若要实现高效编写，则需要用到之后介绍的列表或字典等数据结构。

3 复杂的条件分支结构

- 学习用一行 if 语句编写多个条件
- 学习 if 语句的嵌套
- 学习复合的、复杂的条件分支结构的写法

 3-1 逻辑运算与 if 语句

POINT

- 学习各种逻辑运算符及其使用方法
- 学习逻辑运算与 if 语句的组合
- 学习用一行 if 语句编写多个条件的方法

多个条件

在日常生活中，经常会遇到需要基于多个条件做出判断的情况。

例如，“如果明天的天气是阴天或者晴天就出去野餐”“如果身高高于 120 厘米且年龄大于 10 岁就可以乘坐云霄飞车”等。生活中需要考虑多个条件的情况很多。

用 Python 的 if 语句也可以编写这样的条件。该方法分为使用**逻辑运算**的方法和使用 **if 语句嵌套**的方法。

逻辑运算与 if 语句

使用逻辑运算可以用一行 if 语句处理多个条件。当需要多个条件全部成立时使用 and，当需要多个条件其中之一成立时使用 or。

◉逻辑与（and）

and（与）运算是判断两个条件 A、B 是否同时成立时使用的运算，如“A 和 B”。

此运算被称为**逻辑与**，当多个条件表达式都为真（True）时结果为真。当有两个条件表达式 A 和 B 时，各个表达式的值与 and 的关系如下表所示。

• and运算

条件表达式A	条件表达式B	条件表达式A and条件表达式B
True	True	True
True	False	False
False	True	False
False	False	False

由上表可知，只有当“条件表达式 A”和“条件表达式 B”两者都为 True 时，“条件表达式 A and 条件表达式 B”才为 True。换言之，这意味着 A 和 B 两个条件表达式必须同时成立。

组合使用此逻辑运算与 if 语句时的语法格式如下。

• **基于逻辑与的条件分支结构的语法格式**

```
if 条件表达式A and 条件表达式B :
    操作
```

因此，当条件表达式 A 和条件表达式 B 都为真（True）时执行操作。试着实际运行以下使用了 and 的脚本文件示例。

示例3-7（if_示例5.py）

```
# 由键盘输入数字
a = int(input("a="))
b = int(input("b="))

if a == 1 and b == 1:
    # 当a和b都为1时的操作
    print("a和b都是1。")
```

运行程序后要求输入两次数字。这些数字的值分别被赋值给变量 a、b。若二者的值都为 1，则输出“a 和 b 都是 1。”。

· 运行结果①（两者都为1时）

```
a=1
b=1
a和b都是1。
```

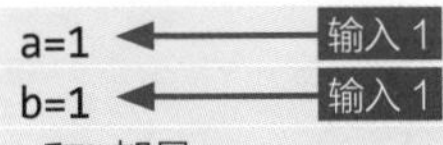

但若输入的值中只要有一个是 1 以外的值，便不输出任何内容。

· 运行结果②（有一个1以外的输入值时）

```
a=1
b=2
```

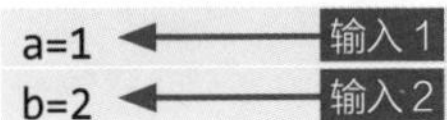

可多次运行程序并输入各种数值组合给 a、b，然后确认只有当 a、b 都为 1 时才执行 if 语句的操作。

◉逻辑或（or）

or（或）运算是判断两个条件 A、B 中任意一个是否成立时使用的运算，如“A 或 B”。

这样的运算称为**逻辑或**。下表为各个表达式的值与 or 的关系。

· or运算

条件表达式A	条件表达式B	条件表达式A or 条件表达式B
True	True	True
True	False	True
False	True	True
False	False	False

在 if 语句中使用 or 的条件分支结构，语法如下。

· 基于逻辑或的条件分支结构的语法格式

```
if 条件表达式A or 条件表达式B :
    操作
```

因此，当条件表达式 A 和条件表达式 B 其中之一为真（True）时执行操作。

试着实际运行以下使用了 or 的脚本文件示例。

示例3-8（if_示例6.py）

```
# 由键盘输入数字
a = int(input("a="))
b = int(input("b="))

if a == 1 or b == 1:
    # 当a和b其中之一为1时的操作
    print("a或b为1。")
```

和示例 3-7 相同，由键盘输入数值并赋值给变量 a、b。

首先试着两者都输入 1。

· 运行结果①（两者都为1时）

```
a=1 ←—— 输入 1
b=1 ←—— 输入 1
a或b为1。
```

和 and 的情况一样，由于 a、b 都为 1，所以输出“a 或 b 为 1。”。接下来看一下只有一个数为 1 的情况。

· 运行结果②（只有一个数为1时）

```
a=1 ←—— 输入 1
b=2 ←—— 输入 2
a或b为1。
```

和 and 的情况不同，or 在即使只有 a、b 其中之一为 1 时条件也成立。

最后看一下两者都为 1 以外的数字的情况。

· 运行结果③（两者都不为1时）

```
a=2 ←—— 输入数字
b=2 ←—— 输入数字
```

这次不输出任何内容。这是由于两个条件 a==1 或 b==1 都不成立。

和 and 一样，读者也可试着在这个示例中将 a 和 b 的值改为各种值。和 and 的情况不同，若 a 和 b 其中之一为 1，则输出“a 或 b 为 1。”，而当两者都不为 1 时不输出任何内容。

◉逻辑非（not）

除了 and 和 or 之外，能够用于条件分支结构的逻辑运算还有逻辑非（not，非）。虽然逻辑非不同于 and 或 or，不是用于判断多个条件的逻辑运算，但也是重要的逻辑运算。

not 对条件表达式的内容进行否定。例如，条件表达式“a==1”表示“a 等于 1”，而若在其前方加上 not 变为“not a==1”，则变为相反的意思，即“a 不等于 1”。

因此，not 将执行条件表达式的含义取反的逻辑运算。下表中显示了基于 not 运算的条件表达式和 not 的关系。

· not运算

条件表达式	not 条件表达式
True	False
False	True

在 if 语句中使用此运算符时，语法格式如下。

· 基于not的条件分支结构的语法格式

```
if not 条件表达式:
    操作
```

在此情况下，当条件表达式为假时执行操作。试着实际运行以下使用了 not 的脚本文件示例。

示例3-9（if_示例7.py）

```
# 由键盘输入数字
a = int(input("a="))

if not a == 0:
    print("a不为0")
else:
    print("a为0")
```

运行此程序后，若输入 0 则输出“a 为 0”，若输入其他值则输出“a 不为 0”。

- 运行结果①（输入0时）

```
a=0
a为0
```

（a=0 ← 输入“0”）

- 运行结果②（输入0以外的值时）

```
a=1
a不为0
```

（a=1 ← 输入“0”以外的值）

此示例中的 if~else 语句和以下操作具有完全相同的含义。

- 具有和示例3-9的if~else语句相同含义的if语句

```
if a == 0:
    print("a为0")
else:
    print("a不为0")
```

如此，若用 not 编写 if~else 语句，则其内容和不使用 not 的情况下的 if~else 语句的操作相反。

组合多个逻辑运算

即使只使用 and 或 or，条件分支结构可实现的操作也更多了。使用 and 或 or 等逻辑运算的条件表达式不仅可以单独使用，还可以组合使用。组合使用逻辑运算，可编写由更复杂的条件构成的条件表达式。

此时，需要注意的是逻辑运算的优先顺序。和算术运算相同，逻辑运算也有优先顺序。逻辑运算的运算符号的优先顺序见下表。

- 逻辑运算符的优先顺序（越位于上方则优先顺序越高）

优先顺序	逻辑运算
1	not
2	and
3	or

注意

在编写由 and、or、not 等组合而成的复杂条件表达式时，需注意它们的优先顺序。

和算术运算相同，逻辑运算也可用括号改变运算的优先顺序。下面看一个混合了 and 和 or 的运算示例。

示例3-10（if_示例8.py）

```
a = 1
b = 2

if a == 2 or b == 1 and a == 1 or b == 2:
    print("True")
else:
    print("False")

if (a == 2 or b == 1) and (a == 1 or b == 2):
    print("True")
else:
    print("False")
```

此程序的运行结果如下。

· 运行结果

```
True
False
```

在这个示例中有两个混合了 or 和 and 的条件表达式。虽然条件表达式的内容几乎一样，但使用括号和未使用括号时的运算顺序并不相同。

· a == 2 or b == 1 and a == 1 or b == 2的运算顺序

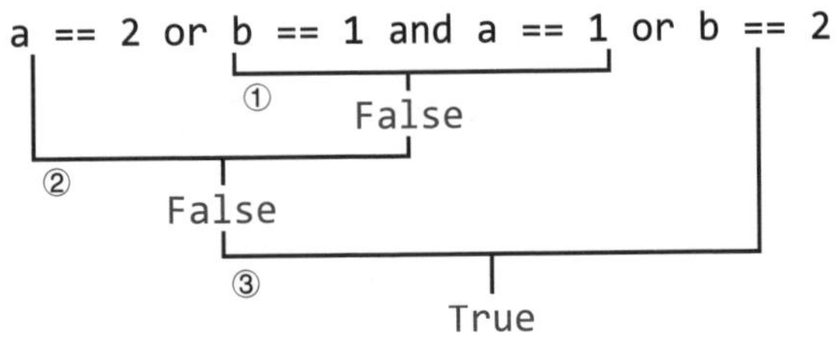

a == 2 or b == 1 and a == 1 or b == 2

① False

② False

③ True

①b == 1 and a == 1（=False）

②a == 2（False）or False（=False）

③False or b == 2（True）（=True）

在第 1 个条件表达式 a==2 or b==1 and a==1 or b==2 中，由于 and 运算比 or 运算的优先顺序高，因此首先执行中间部分的 b==1 and a==1 运算（上图

①），其结果得到 False。然后执行此结果与开头部分的 a==2 之间的 or 运算，即 a==2 or False（上图②）。由于 a 的值为 1，因此运算为 False or False，结果为 False。

最后执行此结果与最后的 b==2 之间的 or 运算（上图③）。由于 b 的值为 2，因此运算为 False or True，最终结果为 True。

• (a == 2 or b == 1) and (a == 1 or b == 2)的运算顺序

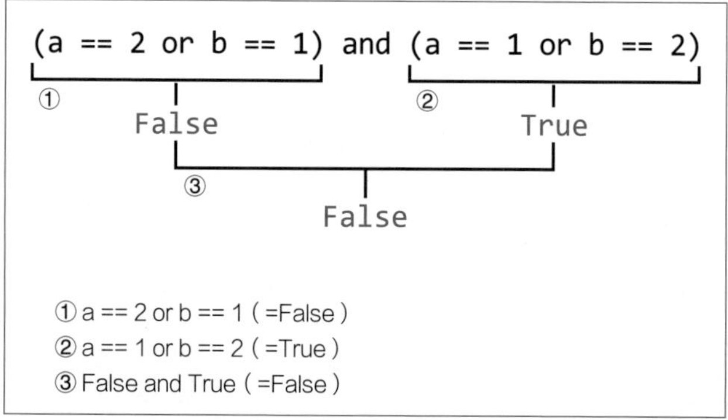

与之相对，在带括号的运算 (a==2 or b==1) and (a==1 or b==2) 中，首先执行带括号的运算，即开头部分的 a==2 or b==1，结果得到 False（上图①）。

接着执行后面的带括号的运算 a==1 or b==2，结果得到 True（上图②）。

最后对这些结果进行中间部分的 and 运算，由此得到最终的运算结果 False（上图③）。

因此，应谨慎对待混合了多种逻辑运算的复杂条件分支。因为即使是相同的例子，看上去会得到相同的结果，但是也会因是否插入括号，结果变得不同。

例题 3-7 ★☆☆

编写程序，让用户使用键盘输入 3 个整数，若 3 个整数都为 1 则输出“输入的数字都为 1”。

答案示例与解析

判断多个条件是否全部成立由 and 实现。即使条件表达式的数量有多个，通过将其全部用 and 连接，便可判断这些表达式是否同时成立。

· 答案示例（ex3-7.py）

```
a = int(input("第1个数:"))
b = int(input("第2个数:"))
c = int(input("第3个数:"))

if a == 1 and b == 1 and c == 1:
    print("输入的数字都为1")
```

运行此程序后，只有当 a、b、c 都为 1 时才输出信息。

例题 3-8 ★☆☆

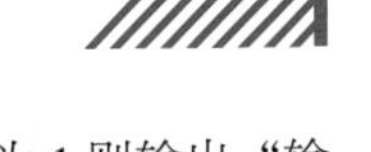

编写程序，让用户使用键盘输入 3 个整数，若其中任意一个为 1 则输出“输入的数字中包含 1”。

答案示例与解析

需要编写的程序和例题 3-7 相近。区别在于条件表达式要用 or 连接。和 and 不同，即使条件表达式有多个，只要满足其中一个条件则输出信息。不输出任何信息的只有所输入的数字中完全不包含 1 的情况。

· 答案示例（ex3-8.py）

```
a = int(input("第1个数:"))
b = int(input("第2个数:"))
c = int(input("第3个数:"))

if a == 1 or b == 1 or c == 1:
    print("输入的数字中包含1")
```

例题 3-9 ★☆☆

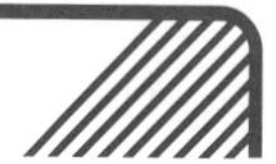

从以下程序中去除 not，将其改写为执行完全相同操作的程序。

```
# 输入字符串
s = input("输入字符串:")

# 若输入的字符串不是Hello则输出“输入的字符串不是Hello”
if not s == "Hello":
    print("输入的字符串不是Hello")
else:
    print("输入了Hello")
```

· 运行示例①（输入Hello时）

```
输入字符串:Hello  ←  输入 Hello
输入了Hello
```

· 运行示例②（输入Hello以外的字符串时）

```
输入字符串:World  ←  输入 Hello 以外的字符串
输入的字符串不是Hello
```

答案示例与解析

解答方法大致可分为两种。第 1 种方法是将其改写为和带 not 的表达式具有相同含义的表达式。由于 not s == "Hello" 意为 s 不是 Hello，因此用其他方法编写则为 s != "Hello"。

· 答案示例（ex3-9.py）

```
01 # 输入字符串
02 s = input("输入字符串:")
03
04 #若输入的字符串不是Hello则输出“输入的字符串不是Hello”
05 if s != "Hello":
06     print("输入的字符串不是Hello")
07 else:
08     print("输入了Hello")
```

还有一种方法，即只去掉 not 而直接使用原表达式的方法。此时，必须将 if 和 else 的内容互换。

对于此方法，这里只介绍第 5 行之后的 if~else 操作的写法。

```
05 if s == "Hello":
06     print("输入了Hello")
07 else:
08     print("输入的字符串不是Hello")
```

3-2 if语句的嵌套

POINT

- 理解在 if 语句中再插入 if 语句的嵌套结构
- 编写使用嵌套的复杂的条件分支结构
- 理解嵌套和逻辑运算之间的使用区分

if语句的嵌套是什么

复杂的 if 语句并非只有通过逻辑运算来描述多个复杂条件的情况。经常会有在 if 语句中再插入 if 语句的情况，这称为 if 语句的**嵌套**。嵌套 if 语句的基本编写方法如下。

术语

嵌套

嵌套，即嵌套结构，用于在操作中再插入其他操作。

· 嵌套if语句的语法格式

```
if 条件1:
    if 条件2:
        操作
```

在 if 语句中再插入 if 语句，若条件 1 和条件 2 成立则执行操作。此时，需要注意的是缩进。由于 if 语句处于嵌套之中，因此**需要两次缩进**。试着实际运行一下使用了缩进的操作。

示例3-11（if_示例9.py）

```
age = int(input("年龄:"))
if age >= 20:
    if age < 60:
        print("20岁及20岁以上、不满60岁")
```

运行程序后输出“年龄 :”并要求用户进行输入。在这里输入年龄并按 Enter 键后，当输入大于等于 20 小于 60 的数字时，将输出“20 岁及 20 岁以上、不满 60 岁”。

· 运行结果

```
年龄:50 ◀── 使用键盘输入数字
20岁以上、不满60岁
```

但若输入小于 20 或大于等于 60 的数字则不会输出任何信息。

◉ 嵌套if语句的结构

观察一下程序的流程。用第 1 个 if 语句判断 age 是否大于等于 20。然后用下一个 if 语句判断 age 是否小于 60。将内层的 if 语句视为一个整体，当外层的 if 语句条件成立时运行内层的 if 语句，这样就容易理解了。

· 嵌套if语句的结构

外层的 if 语句

```
if age >=20:
    if age < 60:
        print("20 岁及 20 岁以上、不满 60 岁 ")
```

内层的 if 语句

下图为流程图表示。

· 嵌套if语句的流程图

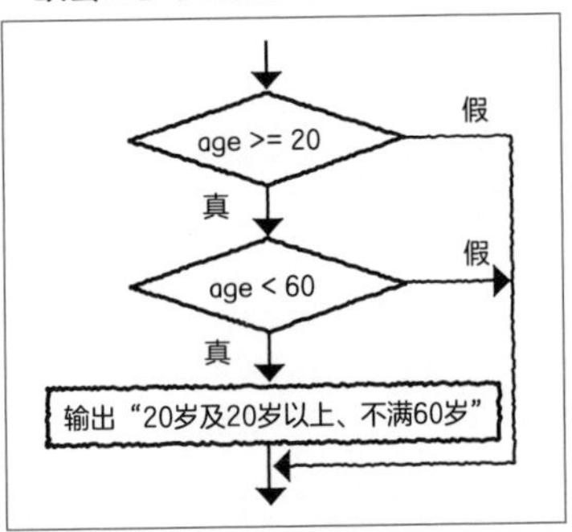

嵌套与逻辑运算

也可以使用逻辑运算 and 编写一个执行和示例 3-11 完全相同操作的程序。

示例3-12（if_示例10.py）

```
age = int(input("年龄:"))
if age >= 20 and age < 60:
    print("20岁及20岁以上、不满60岁")
```

注意

若 if 语句嵌套的层数过多，则程序的易读性将降低；反之，若只用逻辑运算、用一行程序体现所有操作，则条件判断将变得难以理解。请务必根据情况区别使用。

◉混合了嵌套与逻辑运算的示例

下面看一个组合了嵌套与逻辑运算的示例。在 VSCode 中输入以下示例并运行。

示例3-13（if_示例11.py）

```
# 输入年龄
age = input("年龄:")
# 将字符串转换为数值
age = int(age)

if 0 <= age and age < 20:
    print("未成年")
elif age >=20:
    #性别
    gender = input("男性(m) or 女性(f):")
    if gender == "m":
        print("成年男性")
    elif gender == "f":
        print("成年女性")
    else:
        print("性别不明")
else:
    print("不恰当的值")
```

运行程序后要求输入年龄。之后的操作会根据输入的值的不同而不同。根据输入的值，此程序的运行结果大致可分为 3 种。当年龄为 0 岁以上且不满 20 岁时，输出“未成年”[1]。

· 运行结果①（输入0岁以上且不满20岁的年龄时）

```
年龄:1  ← 输入年龄
未成年
```

当年龄为 20 岁及 20 岁以上时，要求输入性别。若为男性则输入 m，若为女性则输入 f。

当输入 m 时输出“成年男性”，当输入 f 时输出“成年女性”。若输入其他字符，则输出“性别不明”。

· 运行结果②（输入20岁以上的年龄时）

```
年龄:25  ← 输入年龄

男性(m) or 女性(f):m  ← 输入性别
成年男性
```

而若输入的年龄为像 −1 这样的值，则输出“不恰当的值”并结束程序。

· 运行结果③（输入不恰当的值作为年龄时）

```
年龄:-1
不恰当的值
```

下图为以上操作的流程图。

1　译注：原来日本的法定成年年龄是20周岁，从2022年4月开始改为18周岁。

· 示例3-13的流程图

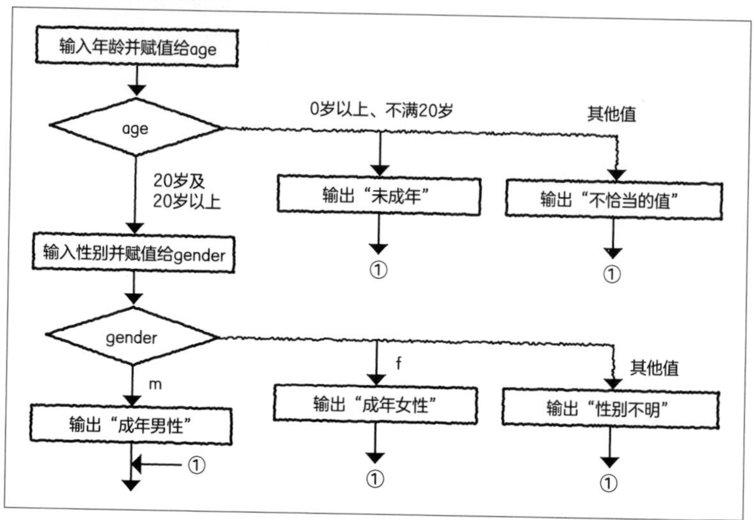

根据一开始输入的年龄值 age，操作大致分为 3 类。若 age 不满 20 岁或为其他值，则分别输出对应信息并跳转到流程图中的①处。

当年龄大于 20 岁时要求输入性别。输出 m、f 对应的信息或其他信息后，流程汇合于①处。

重要

若只有嵌套或只有逻辑运算，则程序的可读性会降低。为编写易读的源代码，请注意适当地混合使用这两种方式。

例题 3-10 ★☆☆

用 if 语句的嵌套编写以下操作。

（1）输出“请输入一个正数 :”。

（2）让用户使用键盘输入整数。

（3）若输入的值为正偶数则输出“正偶数”。

（4）若输入的值为正奇数则输出“正奇数”。

（5）若输入的值不是正数则输出“不是正数”。

答案示例与解析

当使用嵌套表示以上操作时，用外层 if 语句判断数值是否为正数。若为正数，则用内层 if 语句进行奇偶性判断。因此，编写完成的程序如下所示。

· 答案示例（ex3-10.py）

```
# 输入整数
n = int(input("请输入一个正数:"))

# 判断n是否为正数
if n > 0:
    # 当n为正数时,判断n是偶数还是奇数
    if n % 2 == 0:
        # 若能被2整除则为偶数
        print("正偶数")
    else:
        # 若不能被2整除则为奇数
        print("正奇数")
else:
    # 当n不为正数时
    print("不是正数")
```

内层的 if 语句判断奇偶性。若能被 2 整除（除以 2 后余数为 0）则为偶数，否则为奇数。相反，使用“若除以 2 的余数为 1 则为奇数，否则为偶数”这一判断方法亦可实现相同的效果。

4 练习题

答案见第 279 ~ 281 页

问题 3-1 ★☆☆

编写程序，让用户使用键盘输入两个整数，分别进行加法运算、减法运算、乘法运算和除法运算并输出其余数。

不过，当第 2 次输入的数字为 0 时，不进行除法运算或余数输出，而是输出“无法进行除 0 运算”。

问题 3-2 ★☆☆

编写程序，让用户使用键盘输入字符串，根据其内容输出以下信息并结束程序。

（1）当不足 5 个字符时，输出“是一条短句子呢”。

（2）当多于 5 个字符但不足 20 个字符时，输出“是一条中等长度的句子呢”。

（3）当多于 20 个字符时，输出“是一条长句子呢”。

不过，当未输入任何字符时，输出“请输入句子”并结束程序。

问题 3-3 ★★☆

编写一个让用户使用键盘输入年份并判断其是否为闰年的程序。判断是否为闰年的条件如下。

- 可被 4 整除的年份为闰年。
- 可被 100 整除的年份不是闰年。
- 可被 100 整除也可被 400 整除的年份也是闰年。

此处假设由键盘输入的数值大于 0。若输入了小于 0 的数字，则输出“不恰当的值”并结束程序。

第4天

循环结构

1. 循环结构
2. 高级循环结构
3. 灵活运用调试器
4. 练习题

1 循环结构

- 学习什么是循环结构
- 学习 while 语句和 for 语句的用法
- 理解各种场景中的循环结构的写法

1-1 while 语句

POINT

- 理解什么是循环结构
- 理解使用 while 语句的循环结构
- 学习 while 语句的各种用法

循环结构是什么

正如在“第 1 天”中所述，计算机算法由以下 3 种结构组成。

- 顺序结构。
- 分支结构。
- 循环结构。

我们已经学习了前两种结构。本章要学习“循环结构”了。循环结构是指将相同操作重复一定次数或无数次。一般将程序中的重复操作称为**循环**。

Python 中提供了两种语句用于执行循环操作——while 语句和 for 语句。本章将分别介绍这两种语句的用法。

while 语句

首先介绍使用了 while 语句的循环的写法。while 语句在条件成立时重复相应操作。其语法格式如下。

- while语句的语法格式

```
while 条件表达式:
    当条件为True时需要重复的操作
```


条件表达式的语法格式与 if 语句相同，重复操作的部分需要整体缩进。与 if 语句的区别在于，当**条件成立时不断重复相应操作**。

◉ while语句的简单示例(1)

试着实际运行一个使用了 while 语句的简单示例。

示例4-1（while_示例1.py）

```
01 # 设置i的初始值为0
02 i = 0
03 # 当i < 4时重复操作
04 while i < 4:
05   print(i)
06   i = i + 1
```

运行此程序后，结果如下。

- 运行结果

```
0
1
2
3
```

在此操作中，将 0 赋值给 i 作为初始值。当 i 小于 4 时，重复位于 while 下方的第 5 行和第 6 行操作。i = i + 1 使 i 的值每次增加 1。因此，当 i=4 时，i<4 变为 False，跳出循环并结束程序。

• 示例4-1中while语句的操作示意图

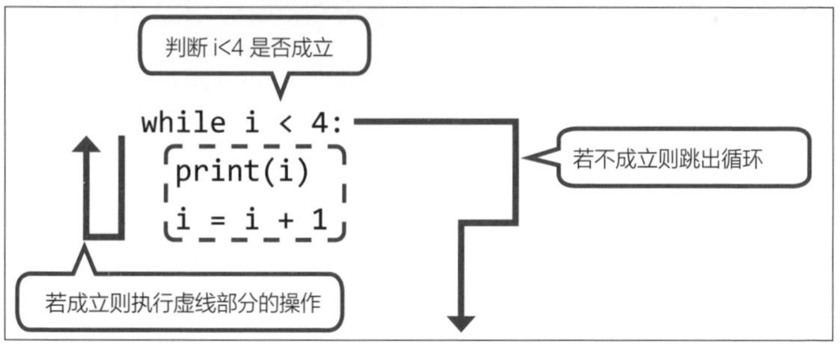

下表中归纳了 i 和条件表达式的关系。

• 示例4-1中i和条件i < 4的关系

i	i < 4
0	True
1	True
2	True
3	True
4	False

下图是表示这一操作的流程图。

• 示例4-1的流程图

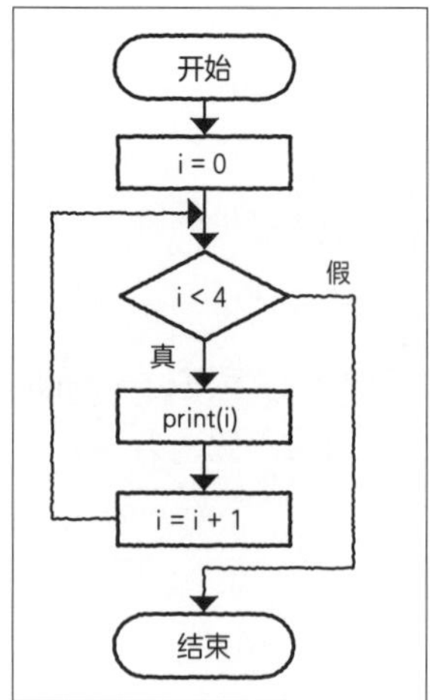

◉while语句的简单示例(2)

接着运行一个 i 和条件表达式都有所不同的示例。在 VSCode 中输入以下示例并运行。

示例4-2（while-示例2.py）

```
01 # 将i赋值为5
02 i = 5
03 # 当i大于0时重复操作
04 while i > 0:
05   print(i)
06   i = i - 1
```

· 运行结果

```
5
4
3
2
1
```

在这一操作中，将 5 赋值给 i 作为初始值。当 i 大于 0 时，重复位于 while 下方的第 5 行和第 6 行操作。i = i – 1 使 i 的值每次都减少 1。因此，当 i=0 时，i>0 变为 False，跳出循环并结束程序。

· 示例4-2中while语句的操作示意图

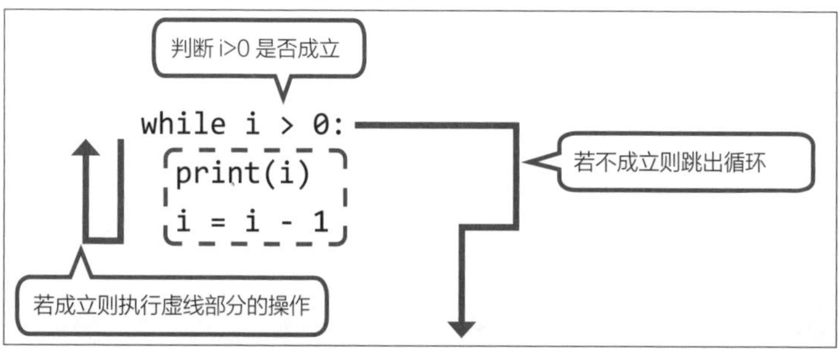

下表中归纳了此示例中的 i 和条件表达式的关系。

· i与条件i>0的关系

i	i > 0
5	True
4	True
3	True
2	True
1	True
0	False

如上所示，使用 while 语句可以编写一定次数的重复操作。下图是此程序的流程图。

· 示例4-2的流程图

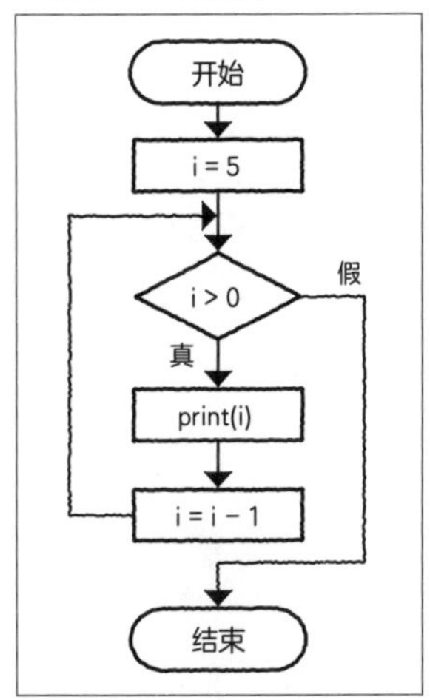

无限循环

while 语句在所编写的条件表达式成立（为 True）时持续重复某些操作，因此，根据场景也会出现循环一直不结束的情况。像这样不停执行相应操作的循环称为**无限循环**，若不强行终止程序，则循环不会停止。

试着实际用 while 编写一个无限循环程序，在 VSCode 中输入以下示例并运行。

示例4-3（while-示例3.py）

```
while True:
    print("hoge")
```

虽然这是一个很短的程序，但此程序开始运行后便不会停止。若在VSCode上运行则如下图所示，终端部分持续输出字符串hoge。

· 无限循环

这是通过在while语句之后写一个True却不编写条件表达式，强行保持循环状态而产生的现象。

在此情况下，需要强行终止程序。在VSCode中，单击“终端”部分后，按Ctrl+C组合键可强行终止陷入无限循环的程序。

· 停止无限循环

写错条件表达式，无意中构建了无限循环，从而导致程序无法停止的情况并不少见。所以还请读者记住强行终止程序的方法。

1-2 for 语句

POINT

- 理解使用 for 语句的循环结构
- 理解 for 语句和 while 语句的区别
- 学习 for 语句的各种用法

由 for 语句构成的循环结构

除了 while 语句之外，循环结构还有 **for 语句**。for 语句和 while 语句不同，是重复取出指定范围内的值的操作。

for 语句的语法格式如下。

· for语句的语法格式

```
for 变量 in 数据集:
    操作
```

for 语句中使用的“数据集”有各种形式，这里介绍使用 **range 函数**的方法。range 函数是用于生成由连续数字构成的数据集的函数。

range 函数的基本用法及取值范围见下表。range 函数能处理的数值范围始终为整数，因此无法处理带小数点的数值。

· range函数的使用方法①

使用方法	详细释义	使用示例	结果
range(n)	由数字0~n-1构成的数据集	range(5)	0, 1, 2, 3, 4
range(m,n)	由数字m~n-1构成的数据集	range(2,5)	2, 3, 4

◉ 从0开始的循环示例

试着组合 for 语句和 range，执行指定范围内的重复操作。运行以下示例。

示例4-4（for-示例1.py）

```
# 从0到4的循环
for num in range(5):
  print(num)
```

· 运行结果

```
0
1
2
3
4
```

通过 range(5)，数值 0、1、2、3、4 依次被赋值给变量 num。然后通过之后的 print 函数输出变量值。

· for语句的运行流程

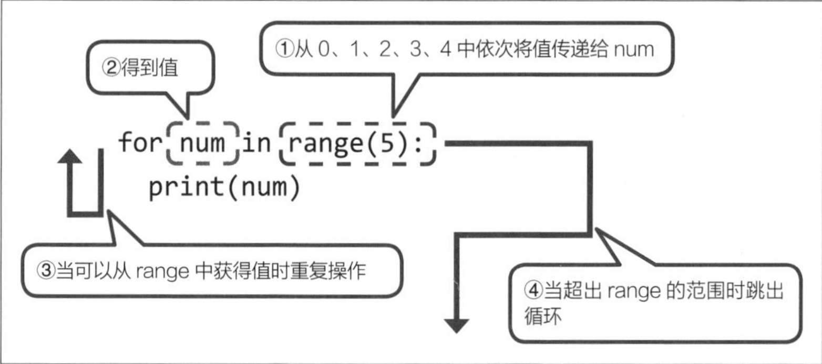

◉从任意数字开始的循环示例

接着看一下 range(2,5) 的场景。

示例4-5（for-示例2.py）

```
# 从2到4的循环
for num in range(2,5):
  print(num)
```

· 运行结果

```
2
3
4
```

可以看出，该循环输出了2~4之间的值。

更为高级的range函数的用法

以上range函数示例中，始终是在一定范围内每次将数字加1。

而实际上也需要每次将数字加2或减1。本节介绍在这些情况下的循环操作。

• range函数的使用方法②

使用方法	详细释义
range(m,n,s)	由从m开始到n的前一个数为止，每次加s所得的数构成的数据集（m、n、s均为整数）

具体的使用方法与取值范围如下。

◉数值递增的形式

• range函数的使用示例

```
range(0,10,2)    ← 0、2、4、6、8
range(5,2,-1)    ← 5、4、3
```

为了便于理解，将此示例总结为一张图。首先从一开始的range(0,10,2)看起。

• range(0,10,2)的示意图

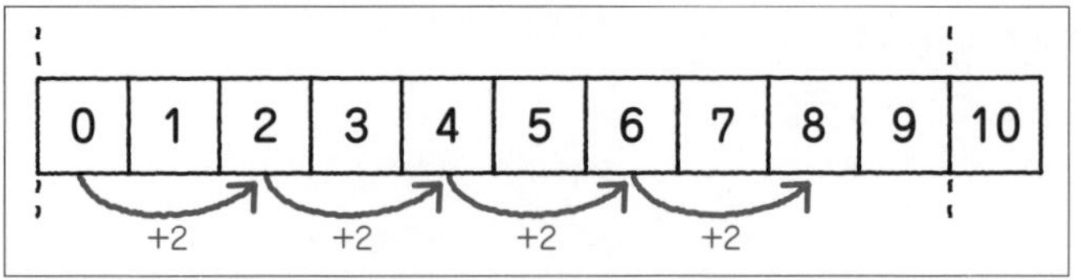

起始值为0，终止值为10，所以上限为10的前一个数字9。range函数中的s称为步长，可每次增减其所对应的数值。因此，从0开始，2、4、6…以此类推，值每次增加2。8之后为10，由于10超出了取值范围，所以数据集止于8。因此，所得的值为“0、2、4、6、8”。

示例4-6（for-示例3.py）

```
# 从0开始到8为止，每次加2
for num in range(0,10,2):
  print(num)
```

• 运行结果

```
0
2
4
6
8
```


◉数值递减的形式

接着看一下 range(5,2,-1) 的示意图。

• range(5,2,−1)的示意图

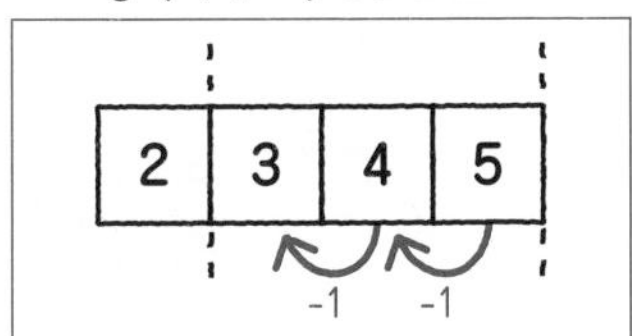

在 range(5,2,−1) 的示意图中，起始值为 5，终止值为 3，即从 5 往前到 2 的前一个数字。

由于步长为 -1，因此所得的值为 5、4、3。实际运行此示例验证该结果。

示例4-7（for-示例4.py）

```
# 从5开始到3为止，每次减1
for num in range(5,2,-1):
  print(num)
```

• 运行结果

```
5
4
3
```

参考

若需要在某条件成立（或不成立）时重复相应操作，while 语句是十分方便的命令。与之相对，当需要从某连续数据中取出元素时，for 语句是十分方便的命令。读者可酌情区别使用。

例题 4-1 ★☆☆

用 while 语句编写输出 3 次 HelloWorld 的程序。

答案示例与解析

用 while 循环编写执行 3 次重复操作的语句，并在循环中编写输出 HelloWorld 这一操作。

答案示例（ex4-1.py）

```
i = 0
while i < 3:
    print("HelloWorld")
    i = i + 1
```

这里 i 的初始值为 0，通过设置 i<3 这一条件，编写进行 3 次输出的程序。

例题 4-2 ★☆☆

用 for 语句改写以下 while 语句操作。

```
i = -4
while i <= 4:
    print("i={} ".format(i),end="")
    i = i + 2
```

答案示例与解析

此程序的运行结果如下所示。

· 运行结果

```
i=-4 i=-2 i=0 i=2 i=4
```

这里第一次出现了 end=""。这是 print 函数的可选参数，是用于在某字符串末尾添加其他任意字符串的参数。

如之前的示例所示，当省略 end="" 时，用 print 函数输出的字符串末尾默认为换行符。而使用此参数可在字符串末尾添加换行符之外的字符。

"" 被称为空字符串，意为“没有字符”的字符串。

这样，通过设置 **end=""**，可以不插入换行符便进行下一项输出。因此，这里不换行且连续输出 i 的值。

接着把目光移向 i 的值。初始值为 -4，如 -2、0、2、4 每次增加 2。若用 for 语句中的 range 函数表示，则为 range(-4,5,2)。

以此为基础，若用 for 语句改写该程序，则如下所示。

答案示例（ex4-2.py）

```
for i in range(-4,5,2):
    print("i={} ".format(i),end="")
```

2 高级循环结构

- 掌握 while 和 for 的高级用法
- 理解改变操作进程的 break、continue 和 else 等的用法
- 理解高效编写多重循环的方法

2-1 改变循环的进程

POINT

- 学习用 break 和 continue 改变循环进程的方法
- 学习用 else 编写循环结束后的操作的方法
- 学习 pass 语句

break 和 continue

在进行循环操作时，有时会遇到由于某些原因必须中途跳出循环，或跳过某个操作的情况。

此时发挥作用的是本节要介绍的 **break** 和 **continue**。

◉用break跳出循环

当需要从 while 语句的循环中跳出时，使用 break。实际运行以下使用了 break 语句的示例。

示例4-8（advloop-示例1.py）

```
i = 0
# 当i小于4时重复操作
while i < 4:
    print(i)
    # 当i为2时跳出循环
```

```
06     if i == 2:
07         break
08     i = i + 1
```

· 运行结果

```
0
1
2
```

此示例中的 while 语句的基本结构与示例 4-1 相同。因此，i 本应按 0、1、2、3 变化后结束程序。

但在第 6 行和第 7 行的 if 语句中，设置了当 i 为 2 时执行 break 的语句。这意味着当 i 变为 2 时强行跳出循环，因此在这一阶段便结束程序。

下图为以上程序的流程图。

· break的运行流程

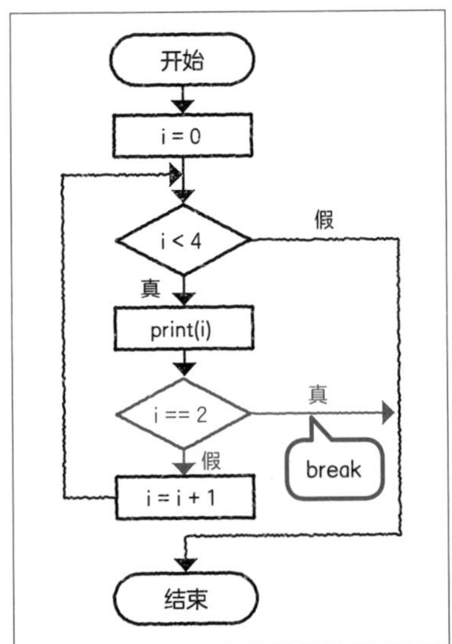

break 也可用于跳出 for 循环的场景。试着用 for 编写执行和示例 4-8 相同操作的程序。

示例4-9（advloop-示例2.py）

```
01 for i in range(0,4):
02     print(i)
03     # 当i为2时跳出循环
04     if i == 2:
05         break
```

可见，运行结果完全相同，当 i 为 2 时跳出循环。

由于用第 4 行中的 if 语句判断 i==2 是否成立，若其结果为真则用 break 跳出循环并终止程序，因此 i=3 之后的操作不会被执行。

break 经常和无限循环一起使用。

虽然程序员通常不太喜欢构建无限循环，但通过使用 break，可通过“重复操作直到满足某条件为止”这一用法使用无限循环。

◉ 用continue控制循环的进程

现在介绍 continue。

使用 continue 可跳转至循环开始时的操作，即 while 的位置。实际在 VSCode 中输入以下示例并运行。

示例4-10（advloop-示例3.py）

```
01 i = 0
02 while i < 4:
03     i = i + 1
04     # 当i为2时返回循环开头
05     if i == 2:
06         continue
07     print(i)
```

・运行结果

```
1
3
4
```

在此示例中，将 i 加 1 后输出其值。通过第 5 行的 if 语句，设置只在 i 为 2 时通过 continue 强行回到第 3 行。因此，其下一行的 print 不运行，即不输出 2。

下图为以上程序的流程图。

• continue的运行流程

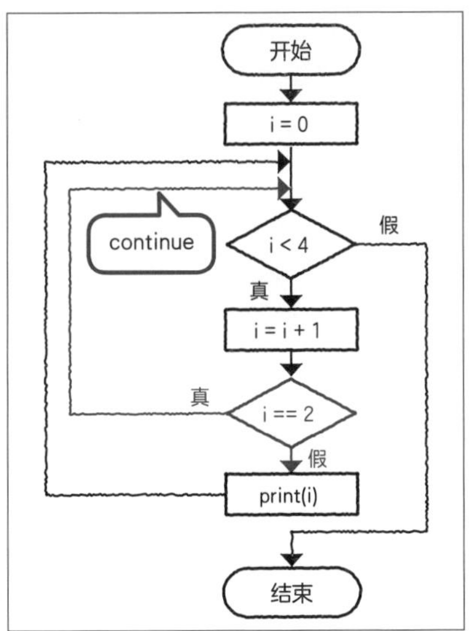

和 break 的场景相同，此示例也可用于 for 语句。以下示例在 for 语句中插入了 continue。

示例4-11（advloop-示例4.py）

```
for i in range(0,4):
    # 当i为2时返回循环开头
    if i == 2:
        continue
    print(i)
```

由于这个程序也会在 i 为 2 时返回 for 语句，因此当 i=2 时不输出任何值。

在 while 语句或 for 语句中使用 else

可以在 while 语句或 for 语句中编写基于 else 的操作。if 语句中的 else 用于条件不成立的情况，而在 while 语句或 for 语句中，else 用于编写循环结束时的操作。

◉ while循环中的else

首先在 while 循环中实际编写一个 else 操作。语法格式如下。

· while ~ else的语法格式

```
while 条件表达式:
    操作①
else:
    操作②
```

当条件表达式成立时持续执行操作①，当循环结束时执行一次操作②。实际运行以下示例。

示例4-12（advloop-示例5.py）

```
i = 0
while i < 4:
    print(i)
    i = i + 1
else:
    # 当循环结束时运行
    print("循环结束")
```

· 运行结果

```
0
1
2
3
循环结束
```

由 while 循环输出数字 0~3，循环结束后执行 else 中的操作 print，输出字符串“循环结束”。

◉for循环中的else

接着看一下 for 循环的场景。语法格式如下。

· for ~ else的语法格式

```
for 变量 in 数据集:
    操作①
else:
    操作②
```

基本格式和 while 相同，在循环结束后执行操作②。实际运行以下示例。

示例4-13（advloop-示例6.py）

```
for i in range(0,4):
```

```
    print(i)
else:
    # 当循环结束时运行
    print("循环结束")
```

运行结果同示例 4-12。

不执行任何操作的语句 pass

本节介绍经常和 for~else 及 while~else 组合使用的操作 **pass**。pass 是**不进行任何操作**的语句。

接下来介绍具体的例子。

示例4-14（advloop-示例7.py）

```
for i in range(0,4):
    pass
else:
    print(i)
```

· **运行结果**

```
3
```

可见，for 循环中的 pass 确实不执行任何操作。在此过程中，i 依次变为 0、1、2、3，最后用 else 执行 print(i)。

参考

此外，pass 还可用于以下场景。

- **在函数（“第 6 天”）中不执行任何操作。**
- **发生异常（“第 7 天”）时不执行任何操作。**

Python 语言有一个语法规则，即使不执行任何操作，也必须编写一些语句。因此，在以上情况下需要写一个 pass。

例题 4-3 ★☆☆

编写程序，要求用户使用键盘输入一个正数，若输入的数字为正数则输出该数字，若输入了正数之外的内容，则不断要求用户重新输入，直到输入了正数为止。

- 运行示例①（输入正数时）

```
输入正数:5  ← 输入正数
输入的数:5
```

- 运行示例②（输入正数以外的内容时）

```
输入正数:-1  ← 输入负数
输入正数:abc  ← 输入数字以外的值
输入正数:5  ← 输入正数
输入的数:5
```

答案示例与解析

本示例需使用当变量 s 的内容为数字时返回 True 的 s.isdecimal() 函数。此函数可判断使用键盘输入的字符串是否为整数。

基本操作为用 while True: 构建无限循环，若输入的是字符串不是整数，则通过 continue 返回到第 4 行，让用户重新输入。

若输入的整数为正数，则用 break 跳出循环并输出所输入的数字。

答案示例（ex4-3.py）

```
01 num = 0
02 while True:
03     # 输入数字
04     s = input("输入正数:")
05     # 判断是否输入了整数
06     if not s.isdecimal():
07         # 若输入了正数之外的内容则重复循环
08         continue
09     # 将输入的字符串转换为整数
10     num = int(s)
11     if num > 0:
12         break
13 
14 print("输入的数:{}".format(num))
```

2-2 多重循环

POINT

- 理解多重循环的概念
- 用 while 语句和 for 语句编写多重循环
- 理解使用 for 语句的高效多重循环的编写方法

多重循环是什么

接下来介绍**多重循环**。多重循环指在一个循环中插入了另一个循环的状态，例如将 while 语句或 for 语句进行**嵌套**的状态。

若循环有两层则被称为**二重循环**，若有三层则被称为**三重循环**。

◉ while语句的多重循环

以下示例使用了 while 语句的二重循环。在 VSCode 中输入此程序并运行。

示例4-15（advloop-示例8.py）

```
i = 0
while i < 3:
    j = 0
    while j < 3:
        print("i={} j={}".format(i,j))
        j = j + 1
    i = i + 1
```

· 运行结果

```
i=0 j=0
i=0 j=1
i=0 j=2
i=1 j=0
i=1 j=1
i=1 j=2
i=2 j=0
i=2 j=1
i=2 j=2
```

在外层循环中，i 从 0 开始每次增加 1，依次变为 0、1、2。在内层循环中也一样，通过 j 的循环，j 依次变为 0、1、2。

循环中用 print 函数输出 i 和 j 的组合。在循环中再次插入循环，外层循环和内层循环都重复指定的次数。由于内层和外层都进行了 3 次循环，因此共执行了 3×3=9 次操作。

· 多重循环的运行流程

外层循环

内层循环

```
i = 0
while i < 3:
    j = 0
    while j < 3:
        print("i={} j={}".format(i,j))
        j = j + 1
    i = i + 1
```

◉ for语句的多重循环

用 for 语句也可构建多重循环。试着用 for 循环编写和示例 4-15 相同的操作。

示例4-16（advloop-示例9.py）

```
for i in range(0,3):
    for j in range(0,3):
        print("i={} j={}".format(i,j))
```

用 range(0,3) 将 i 和 j 的值都从 0 变到 2，且每次增加 1。和 while 语句不同的是，若使用可以用 range 函数编写数据集的 for 语句编写此操作，程序将十分简练。

以上完成了对循环结构的介绍。而通过组合 for 语句和接下来要学习的列表等数据类型，可以实现更为高级的用法。

例题 4-4 ★☆☆

用由 while 语句构成的多重循环生成九九乘法表。

答案示例与解析

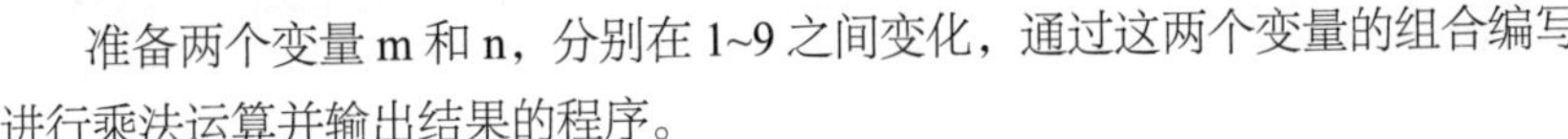

准备两个变量 m 和 n，分别在 1~9 之间变化，通过这两个变量的组合编写进行乘法运算并输出结果的程序。

由于问题中指定“用 while 语句”，因此编写一个 m 和 n 的初始值分别为 1，并在 9 以下的数字中循环的 m 和 n 的二重循环。

因此，形成如下程序。

答案示例（ex4-4.py）

```
01 m = 1
02 while m <= 9:
03     n = 1
04     while n <= 9:
05         print("{}×{}={:2} ".format(m,n,m*n),end="")
06         n = n + 1
07     print()
08     m = m + 1
```

在第 5 行的 print 函数中，设置输出乘法运算 m*n 的结果之处的格式为 {:2}。这意味着在这里输出两位数字。下表中列出了几种可通过在 {} 中编写代码以设置位数等格式的标记方法。

- 通过{}输出数值

标记方法	含义	使用示例
{:n}	输出n位数字	{:8}
{:<n}	输出n位数字（左对齐）	{:<8}
{:>n}	输出n位数字（右对齐）	{:>8}
{:^n}	输出n位数字（中间对齐）	{:^8}
{:.n}	输出到小数点后第n位	{:.2}

此外，第 7 行中没有任何参数的 print 语句 print() 仅用于换行。此程序的运行结果如下。

· 运行结果

```
1×1= 1 1×2= 2 1×3= 3 1×4= 4 1×5= 5 1×6= 6 1×7= 7 1×8= 8 1×9= 9
2×1= 2 2×2= 4 2×3= 6 2×4= 8 2×5=10 2×6=12 2×7=14 2×8=16 2×9=18
3×1= 3 3×2= 6 3×3= 9 3×4=12 3×5=15 3×6=18 3×7=21 3×8=24 3×9=27
4×1= 4 4×2= 8 4×3=12 4×4=16 4×5=20 4×6=24 4×7=28 4×8=32 4×9=36
5×1= 5 5×2=10 5×3=15 5×4=20 5×5=25 5×6=30 5×7=35 5×8=40 5×9=45
6×1= 6 6×2=12 6×3=18 6×4=24 6×5=30 6×6=36 6×7=42 6×8=48 6×9=54
7×1= 7 7×2=14 7×3=21 7×4=28 7×5=35 7×6=42 7×7=49 7×8=56 7×9=63
8×1= 8 8×2=16 8×3=24 8×4=32 8×5=40 8×6=48 8×7=56 8×8=64 8×9=72
9×1= 9 9×2=18 9×3=27 9×4=36 9×5=45 9×6=54 9×7=63 9×8=72 9×9=81
```

例题 4-5 ★☆☆

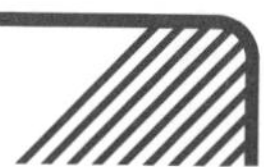

用由 for 语句构成的多重循环生成九九乘法表。

答案示例与解析

基本思路与 while 语句相同。但必须注意 range 函数的用法。当用 range 将数值从 1 变到 9 时，必须写成 range(1,10)。

由于从 1 变到 9，因此读者可能会想写成 range(1,9)。但 range 的规则是从第 1 个数变到第 2 个数的前一个数，所以请读者不要写错。

根据以上思路编写程序如下。

答案示例（ex4-5.py）

```
for m in range(1,10):
    for n in range(1,10):
        print("{}×{}={:2} ".format(m,n,m*n),end="")
    print()
```

和使用 while 时不同，由于用 range 函数改变 m 和 n 的值，因此不需要编写 m=m+1 之类的操作。其运行结果与例题 4-4 相同，因此省略。

例题 4-6 ★☆☆

编写一个输出 1 ~ 100 之间所有质数的程序。质数是指比 1 大，且只能被 1 和自身整除的整数。例如，5 的约数只有 1 和 5，因此 5 为质数；而 6 的约数除了 1 和 6 之外还有 2 和 3，因此 6 不是质数。

答案示例与解析

用 while 循环或 for 循环都可实现此程序。这里介绍使用 for 循环的答案示例。

首先生成一个将数值 2~100 依次赋值给变量 m 的循环。然后判断 m 是否为质数，若是质数则输出 m。因此，为了判断 m 是否为质数，再构建一个 n 的循环。

此循环为数值 1~m 的循环。依次将值 1~m 赋值给 n，若 m 可以被 n 整除，即 m%n 为 0，则可判断 n 是 m 的约数。

用此方法计算 m 的约数个数。若个数为 2，即约数只有 1 及其自身时可判断 m 为质数。

根据以上思路实际编写的程序如下。

答案示例（ex4-6.py）

```
# 由2~100之间的数构成的循环（由于1不为质数，故将其除外）
for m in range(2,101):
    # m的约数个数
    count = 0
    for n in range(1,m+1):
        # 若n为m的约数，则增加统计约数个数的变量的值
        if m % n == 0:
            count = count + 1
    # 若m的约数个数为2，则表示m是质数，输出m
    if count == 2:
        print("{} ".format(m),end="")
```

此程序的运行结果如下。

· 运行结果

```
2 3 5 7 11 13 17 19 23 29 31 37 41 43 47 53 59 61 67 71 73 79 83 89 97
```

3 灵活运用调试器

- 理解调试器的概念
- 学习 VSCode 中的调试器的用法
- 用实际示例进行调试操作

1-1 灵活使用 VSCode 的调试器

POINT

- 理解调试器的必要性
- 理解调试器的功能
- 实际进行使用了调试器的调试操作

调试器是什么

随着学习的推进，程序内容逐渐变得相对复杂。当程序变得复杂时，错误也会随之增加。因此，寻找错误将变得十分麻烦。

本节将讲解**调试器（debugger）**。调试器是用于发现并修改程序错误的工具。

◉ 进入“调试”视图

VSCode 中有各种视图（外观），可通过单击界面左侧的图标进行视图切换。

VSCode 的视图通常为展示文件列表的资源管理器。单击带虫子标志的图标便可切换到“调试”视图。

· 切换到调试视图

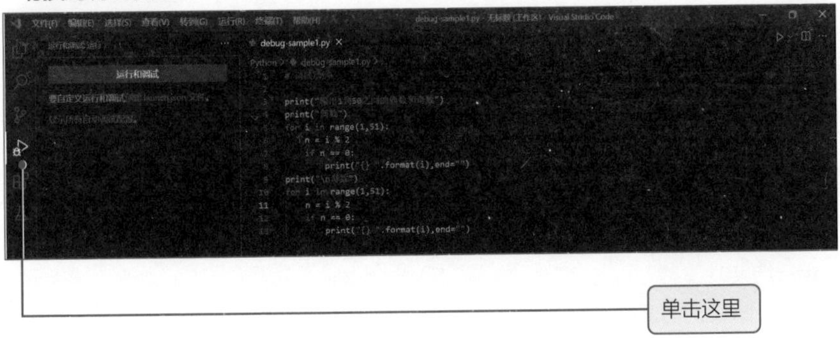

单击这里

单击后，便可从界面左侧的“资源管理器”视图切换到“调试”视图。这里有以下 4 条项目。

（1）变量，可查看程序中变量的值，并查看变量值是否正确。

（2）监视，可选出所有变量中需要特别注意的变量并查看其值。由于“变量”中会显示所有变量，因此当不容易从中找到想要的变量时，使用“监视”更为方便。

“监视”不仅可以显示变量值，还可以显示用户添加的表达式的运算结果。

（3）调用堆栈，显示当前运行的函数被调用之前的调用路径。由此可以知道，当前代码是经过怎样的调用过程才得以运行的。

（4）断点，显示断点列表。断点是为了调试而将程序暂停的地方。用户可以用 VSCode 在自己喜欢的位置添加或删除断点。

用实际示例学习调试器的使用方法

这里特意编写了一个有错误的程序，并用它来实际学习调试器的使用方法。

示例4-17（debug-示例1.py）

```
# 调试示例

print("输出1到50之间的偶数和奇数")
print("偶数")
for i in range(1,51):
    n = i % 2
    if n == 0:
        print("{} ".format(i),end="")
print("\n奇数")
```

```
10 for i in range(1,51):
11     n = i % 2
12     if n == 0:
13         print("{} ".format(i),end="")
```

此程序是以输出数值 1~50 中的所有偶数和奇数为目的而编写的。但实际运行程序后却得到以下结果。

· 运行结果

```
输出1到50之间的偶数和奇数
偶数
2 4 6 8 10 12 14 16 18 20 22 24 26 28 30 32 34 36 38 40 42 44 46 48 50
奇数
2 4 6 8 10 12 14 16 18 20 22 24 26 28 30 32 34 36 38 40 42 44 46 48 50
```

由运行结果可知，在写着奇数的地方也输出了偶数。虽然可以边查看源代码边寻找程序中的错误，但使用调试器具有很高的效率。

◉步骤1：设置断点

使用调试器之前应做的事情是设置断点。

断点是暂停程序的点，在调试过程中可用断点暂停程序。

单击需要设置断点的行的行号左侧便可设置断点。这次需要在第 3 行和第 9 行设置断点，因此单击这两行的行号左侧。

· 设置断点

```
debug-sample1.py ×
Python > debug-sample1.py > ...
1  # 调试示例
2
3  print("输出1到50之间的偶数和奇数")
4  print("偶数")
5  for i in range(1,51):
6      n = i % 2
7      if n == 0:
8          print("{} ".format(i),end="")
9  print("\n奇数")
10 for i in range(1,51):
11     n = i % 2
12     if n == 0:
13         print("{} ".format(i),end="")
```

❶单击第3行和第9行的行号左侧

其结果为第 3 行和第 9 行前出现了红色圆点。这便是断点。

· 设置的断点

```
debug-sample1.py ×
Python > debug-sample1.py > ...
1   # 调试示例
2
3   print("输出1到50之间的偶数和奇数")
4   print("偶数")
5   for i in range(1,51):
6       n = i % 2
7       if n == 0:
8           print("{} ".format(i),end="")
9   print("\n奇数")
10  for i in range(1,51):
11      n = i % 2
12      if n == 0:
13          print("{} ".format(i),end="")
```

看界面左下角，可见在“断点”栏中显示了所设断点的列表。

· 断点列表

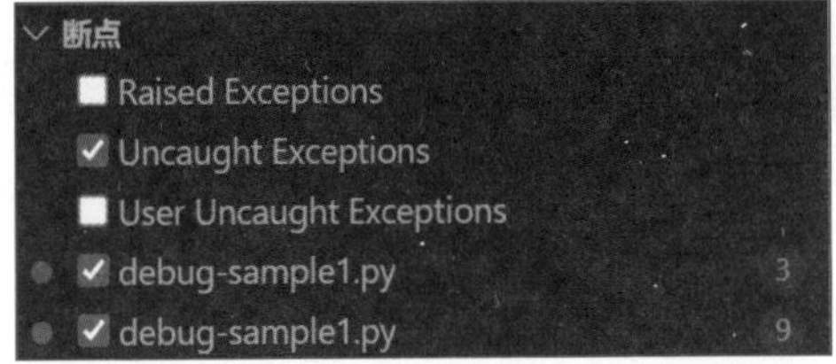

所设断点的列表

设置好的断点以“文件名 + 行号”的形式显示。例如，debug-sample1.py 3 意为在文件 debug-sample1.py 中的第 3 行设置了断点。

由于大型程序通常分多个脚本文件进行编写，因此像这样显示文件名与断点位置将十分方便。

◉步骤2：开始调试

进行调试时的运行方法和之前的运行方法不同。选择“运行”→“启动调试”命令开始调试。

· 开始调试

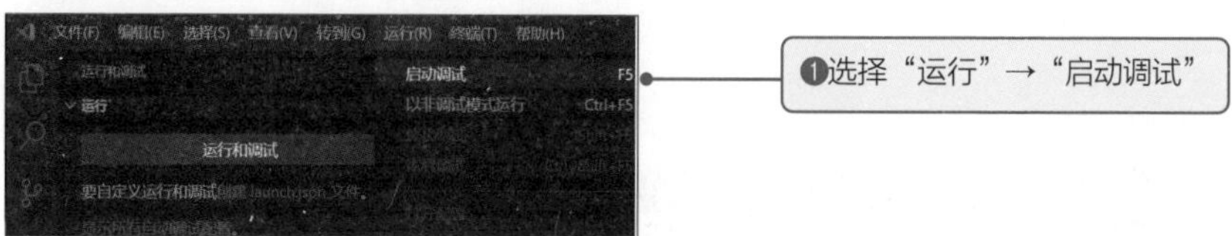

单击后，源码栏中将出现黄色箭头，可知此时处于第一个断点的位置。设置了断点的行将整行黄色高亮显示。

· 程序基于断点而暂停

```
debug-sample1.py ×
Python > debug-sample1.py > ...
# 调试示例

print("输出1到50之间的偶数和奇数")
print("偶数")
for i in range(1,51):
    n = i % 2
    if n == 0:
        print("{} ".format(i),end="")
print("\n奇数")
for i in range(1,51):
    n = i % 2
    if n == 0:
        print("{} ".format(i),end="")
```

此状态意为程序暂停于带箭头的行。

◉步骤3：执行单步操作

开始调试后，界面中央的上方将出现以下多个按钮。这些是用于执行和调试相关的操作的按钮，只可用于调试时。

· 开始调试

这里有 6 个按钮，分别有以下功能。

· 与调试相关的操作

按钮	名称	具体功能	快捷键
	继续	继续调试操作	F5
	单步跳过	移到下一行	F10
	单步调试	移至函数中的操作	F11
	单步跳出	从函数中跳出	Shift+F11
	重启	重启程序	Ctrl+Shift+F5
	停止	停止调试	Shift+F5

由于**单步调试**和**单步跳出**与函数相关，因此这里介绍除它们以外的操作场景。

尝试使用单步操作一行行依次运行程序。

首先，箭头停在第 3 行。单击“单步跳过”按钮后，黄色箭头将前进到下一行。此时，界面下方将输出“输出 1 到 50 之间的偶数和奇数”。

这是由于执行了第 3 行操作。如此使用“单步跳过”便可一行一行依次执行操作。

· 执行“单步跳过”

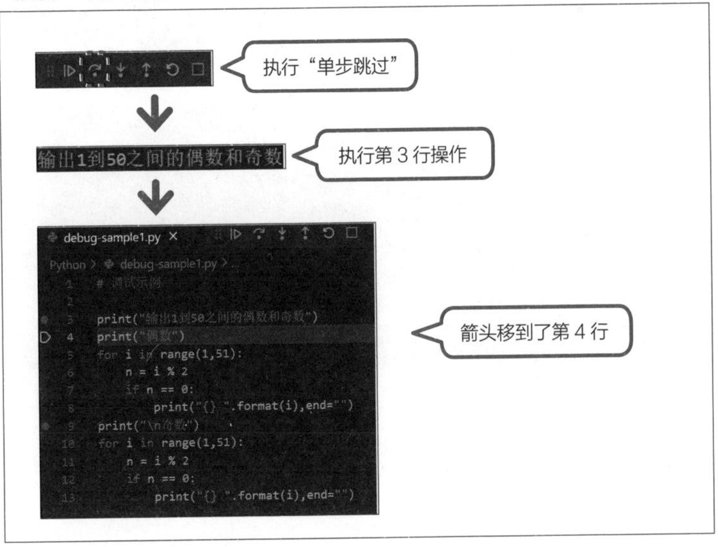

◉步骤4：查看变量的值

前进到第 7 行之后，变量栏中将显示所使用的变量 i、n 及其值。

· 查看变量的值

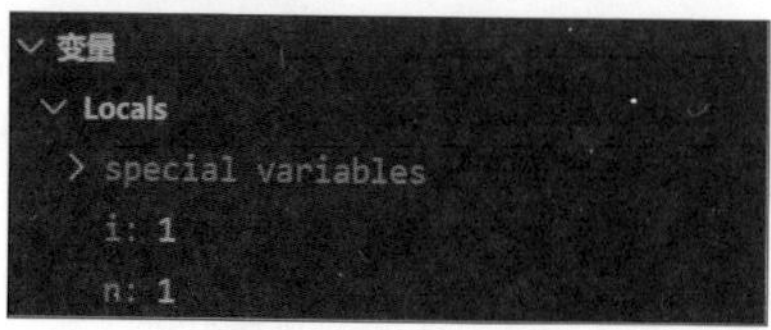

i 为在第 5 行中定义的 for 语句中使用的变量。n 是 i 除以 2 后的余数。从这里的值来看，程序正按照预想运行。

像这样检查变量在程序的哪个位置是什么值是十分重要的。

◉步骤5：跳到下一个断点

重复“单步跳过”,则箭头将在第 5 ～ 8 行之间来回移动。由运行结果可知，这一部分多半无须继续检查。

· 重复第5~8行

```
1  # 调试示例
2
3  print("输出1到50之间的偶数和奇数")
4  print("偶数")
5  for i in range(1,51):
6      n = i % 2
7      if n == 0:
8          print("{} ".format(i),end="")
9  print("\n奇数")
10 for i in range(1,51):
11     n = i % 2
12     if n == 0:
13         print("{} ".format(i),end="")
```

但暂时还需执行相同的第 5 ～ 8 行之间的操作以结束此处的循环。此时单击“继续”按钮▷。

- 移动到下一个断点

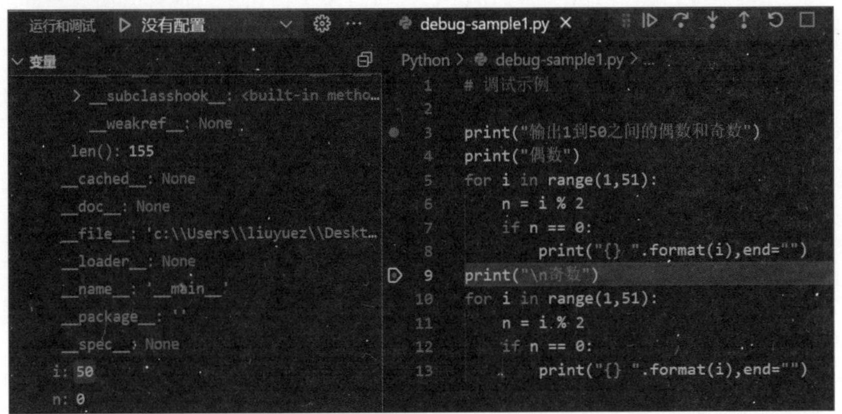

单击后箭头将跳转至下一个断点。

◉步骤6：使用监视

接下来终于要检查存在错误的地方——第 9~13 行了。此时起作用的是利用监视并使用各种表达式的方法。

- 使用监视

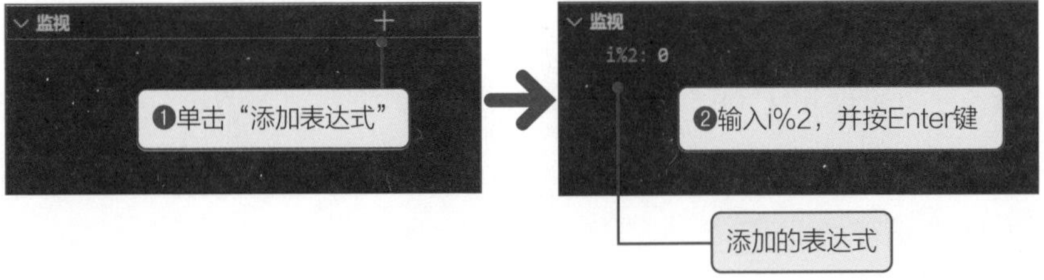

单击监视中的“添加表达式”按钮＋并输入表达式。这里输入表达式 i%2 并按 Enter 键。然后将根据此时的值显示 i%2 的计算结果。这里再添加一个表达式 i。

- 追查错误的原因

查看监视可知，当 i 为奇数时 i%2 为 1。这个值用于奇偶性判断。至此，终于明白了这便是错误原因。

◉步骤7：结束调试

明确错误原因后，单击“停止”按钮结束调试。然后修改存在错误的地方，并再次返回步骤 1 进行检查。不断重复以上步骤便可修改错误。

错误得到修改之后的程序

修改此程序中的错误后的程序如下。

示例4-18（debug-示例2.py）

```
01 # 调试示例
02 
03 print("输出1到50之间的偶数和奇数")
04 print("偶数")
05 for i in range(1,51):
06     n = i % 2
07     if n == 0:
08         print("{} ".format(i),end="")
09 print("\n奇数")
10 for i in range(1,51):
11     n = i % 2
12     if n == 1:
13         print("{} ".format(i),end="")
```

错误原因在于第 12 行的条件表达式写成了 n==0，将其改为 n==1，程序便可正确运行。

- 运行结果

```
输出1到50之间的偶数和奇数
偶数
2 4 6 8 10 12 14 16 18 20 22 24 26 28 30 32 34 36 38 40 42 44 46 48 50
奇数
1 3 5 7 9 11 13 15 17 19 21 23 25 27 29 31 33 35 37 39 41 43 45 47 49
```

修改有错误的地方便可得到正确的运行结果。

调试的后续处理

看到错误被顺利解决，现在进行调试的后续处理，即删除所设置的断点。

单击断点处的红色圆点可依次删除断点。全部删除多个断点时，可选择菜单中的“运行”→“删除所有断点”命令。

· 删除断点

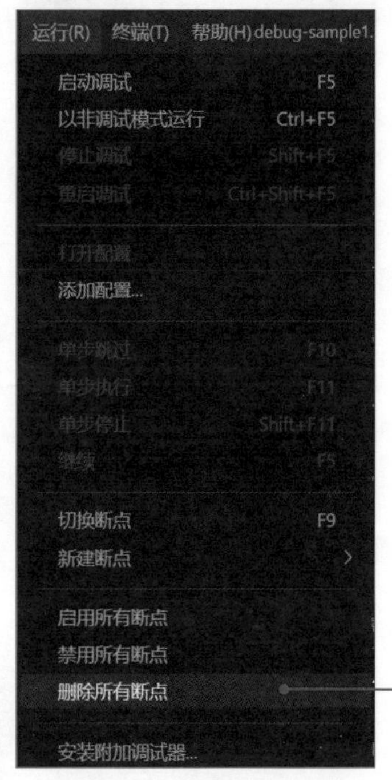

最后，将视图从“调试”视图切换回“资源管理器”视图。单击界面左侧的“资源管理器”按钮，便可回到“资源管理器”视图。至此，便完成了一系列调试操作。

4 练习题

答案见第 282 ~ 284 页

 问题 4-1 ★☆☆ 

输出“输入 Hello:”，让用户在此处使用键盘输入字符串。此时若输入了 Hello 并按 Enter 键，则输出“输入了 Hello”并结束程序。

若输入的字符串不是 Hello，则再次显示“请输入 Hello ”。不断重复相同操作，直到用户输入了 Hello 为止。

- 预想的运行结果

```
输入Hello: abc    ← 使用键盘输入“Hello”之外的字符串
请输入Hello
输入Hello: def    ← 使用键盘输入“Hello”之外的字符串
请输入Hello
输入Hello: Hello  ← 使用键盘输入“Hello”
输入了Hello
```

 问题 4-2 ★★☆ 

编写程序，让用户使用键盘输入两个整数，然后使用 while 语句，在所输入整数的较小值和较大值之间，值每次加减 1 并输出。此时，若输入的第 2 个值大于第 1 个值，则值每次加 1，反之则每次减 1。若两个数相等，则输出“请输入不同的值”并结束程序。

- 预想的运行结果①（第1个数小于第2个数时）

```
第1个数:-3  ←—— 使用键盘输入
第2个数:2  ←—— 使用键盘输入
-3 -2 -1 0 1 2
```

- 预想的运行结果②（第1个数大于第2个数时）

```
第1个数:2  ←—— 使用键盘输入
第2个数:-3  ←—— 使用键盘输入
2 1 0 -1 -2 -3
```

- 预想的运行结果③（输入相同的值时）

```
第1个数:2  ←—— 使用键盘输入
第2个数:2  ←—— 使用键盘输入
请输入不同的值
```

问题 4-3 ★☆☆

用 for 语句编写执行和问题 4-2 相同操作的程序。

问题 4-4 ★★☆

输出 1 ~ 100 之间的质数。质数为自然数中约数只有 1 和其本身的数。

- 预想的运行结果

```
2 3 5 7 11 13 17 19 23 29 31 37 41 43 47 53 59 61 67 71 73 79 83 89 97
```

第5天

容 器

1 容器

- 学习容器的概念和存在容器的必要性
- 学习列表、元组、字典和集合的用法
- 学习访问各种数据的方法

1-1 容器是什么

POINT

- 学习处理大量数据的方法
- 理解容器的种类
- 学习对象的概念

处理大量数据的容器

我们日常使用的智能手机 App 和 Web 应用都需要处理大量数据。例如，SNS 上登录了大量用户，Web 上会显示大量的搜索结果列表。为了处理诸如此类的大量数据，必需之物便是**容器**。容器的意思是箱子、器皿。在编程领域中，将实现如某种收纳盒般功能的数据结构统称为容器。

Python 中使用的基本容器有以下几种。

- 列表（list）：将大量数据编号并进行管理。可添加或删除其中的元素。
- 元组（tuple）：用编号管理大量数据。不可添加或删除其中的元素。
- 字典（dict）：用键（key）和值（value）的组合管理数据。
- 集合（set）：不允许数据重复的数据结构。

1-2 列表

POINT

- 学习列表的概念与用法
- 掌握使用列表的数据处理方法
- 学习针对列表的各种操作

列表是什么

能同时处理多个数据的容器被称为**列表**(list)。列表使用被称为**下标**(**索引**)的编号来管理数据,可轻松添加或删除其中的数据。在各种数据结构中,列表的使用频率最高。列表可在 [] 中存储多个值，各个值之间用 ,(逗号)分隔。

• **定义列表的语法格式**

```
[值1,值2,值3,…]
```

实际创建一个简单的列表。运行以下示例。

示例5-1(list-示例1.py)

```
# 声明列表
n = [5, 2, -3, 1]
# 输出列表中的值
print("n[0]={}".format(n[0]))
print("n[1]={}".format(n[1]))
print("n[2]={}".format(n[2]))
print("n[3]={}".format(n[3]))
# 输出整个列表
print(n)
# 修改其中一部分值
n[1] = 6
# 再次输出整个列表
print(n)
```

· 运行结果

```
n[0]=5
n[1]=2
n[2]=-3
n[3]=1
[5, 2, -3, 1]
[5, 6, -3, 1]
```


◉声明列表

此程序声明的列表是程序的第 2 行。

· 声明列表

```
02 n = [5, 2, -3, 1]
```

创建好的列表被赋值给变量 n。由此，n 成为一个含有 4 个元素的列表。各个元素被赋予从 0 开始的编号，各元素分别作为变量 n[0]、n[1]、n[2] 和 n[3] 被存储在列表中。

· 列表示意图

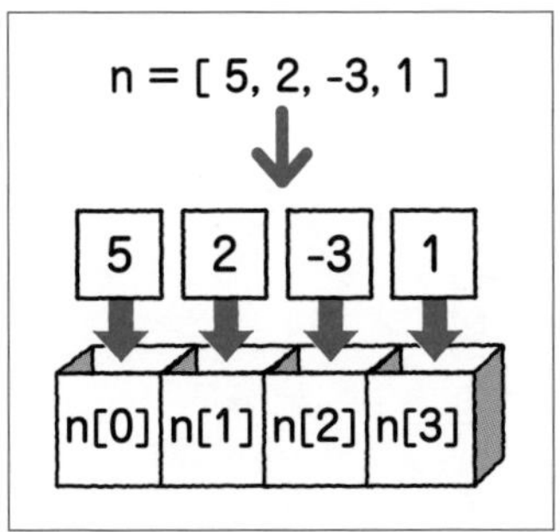

n[0]、n[1]、n[2] 和 n[3] 中分别存储了值 5、2、−3 和 1。可将这些元素分别作为各自独立的整数变量进行处理。

若只用目前学过的变量执行相同操作，则需要 a、b、c、d 4 个变量。

但若使用列表，则变量名只有一个，且仅通过改变 [] 中的数字，便可生成各个变量。这里的编号被称为**下标**或**索引**。

◉ 输出整个列表的值

用 print 函数可直接输出列表中的所有值。

· 输出列表

```
09 print(n)
```

由此可输出 [5, 2, -3, 1]。实际处理列表时，需要访问列表中的各个元素。

◉ 赋值

那么，怎样修改列表中的单个值呢？其实这和修改普通变量的值是完全一样的。例如，把第 2 个元素的值变为 6 时，其代码如下。

· 修改列表元素

```
11 n[1] = 6
```

由于下标编号从 0 开始，因此第 2 个值为 n[1]。例如，想将其变为 6 时，代码为 n[1]=6。

· 列表的示意图

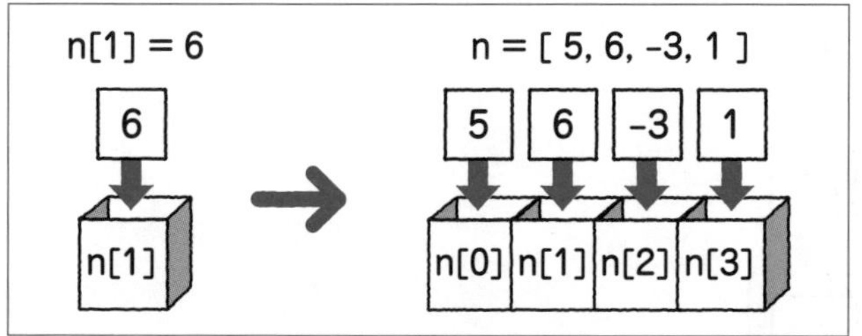

由此，列表中存储的值变成了 [5, 6, -3, 1]。

循环与列表

用列表可以处理大量数据。此时，若依次访问每一个元素则十分麻烦。便捷的方法是使用循环。以下分别介绍 while 循环和 for 循环的示例。

◉while循环的例子

首先介绍使用 while 循环的例子。在 VSCode 中输入以下示例并运行。

示例5-2（list-示例2.py）

```
# 声明列表
n = [5, 2, -3, 1]

# 输出列表中的值
i = 0
while i < len(n):
    print("n[{}]={} ".format(i,n[i]),end="")
    i = i + 1
```

· **运行结果**

```
n[0]=5 n[1]=2 n[2]=-3 n[3]=1
```

通过 while 循环，变量 i 的值依次变为 0、1、2、3。由此，n[i] 依次变为 n[0]、n[1]、n[2]、n[3]。如此，通过将列表的下标作为变量并用循环改变其值，便可轻松访问大量数据。

· **将列表下标作为变量的好处**

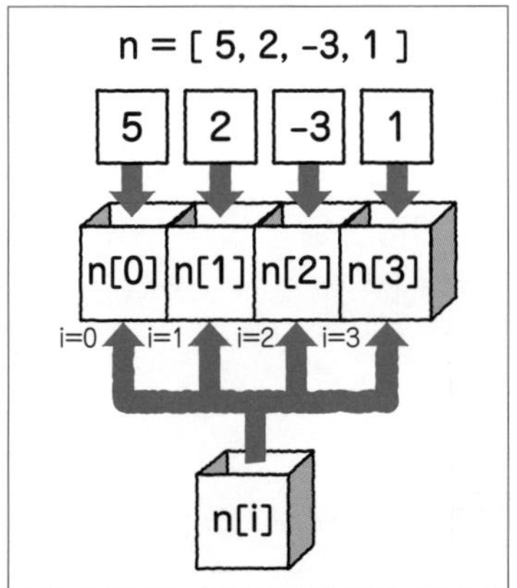

不过，为了使用此方法，需要知道列表的长度。虽然在这个程序中明确知道元素只有 4 个，但根据程序的不同，也可能存在不知道元素个数的情况。

此时起作用的是 len 函数。使用 **len 函数**可获得列表等容器中的元素个数（长度）。

- len函数的语法格式

```
len(容器)
```

在第 6 行中，由于列表 n 的长度为 4，因此得到 4 作为 len 函数的返回值。不论列表元素有多少个，使用此函数都可在不修改程序的情况下用 while 循环访问列表中的所有元素。

◉for循环的例子

接下来介绍使用 for 循环的例子。

示例5-3（list-示例3.py）

```
# 声明列表
n = [5, 2, -3, 1]

# 输出列表中的值
for value in n:
    print("{} ".format(value),end="")
```

- 运行结果

```
5 2 -3 1
```

由示例 5-3 可以看出，在 for 语句中，可在 in 之后直接编写列表。如此，便可从头到尾依次取出列表中的值。

- for和列表的关系

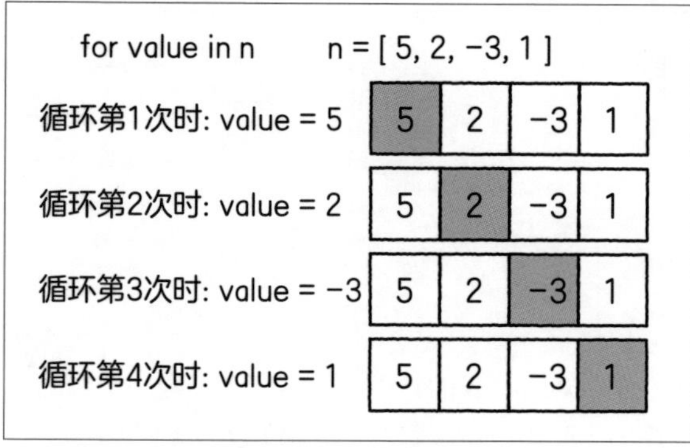

一开始 n[0] 的值 5 被赋值给变量 value。接下来是 n[1]、n[2]，最后 n[3] 的值被赋值给变量 value，循环结束。

以上介绍了使用 while 语句和 for 语句访问列表的方法。比较两者可知，使用 for 语句的程序明显更简单。因此，一般使用 for 语句访问列表。

添加与删除数据

列表可自由添加或删除数据。本节便介绍这些操作（方法）。

◉添加数据（append）

列表有 **append** 方法，该方法可在列表末尾添加数据。

· 基于append的数据添加

```
列表.append(需要添加的数据)
```

实际示例如下。

示例5-4（list-示例4.py）

```
# 声明列表
n = [5, 2, -3, 1]
# 添加数据
n.append(7)
# 输出列表内容
print(n)
```

· 运行结果

```
[5, 2, -3, 1, 7]
```

由运行结果可知，列表末尾添加了一个 7。

· append操作

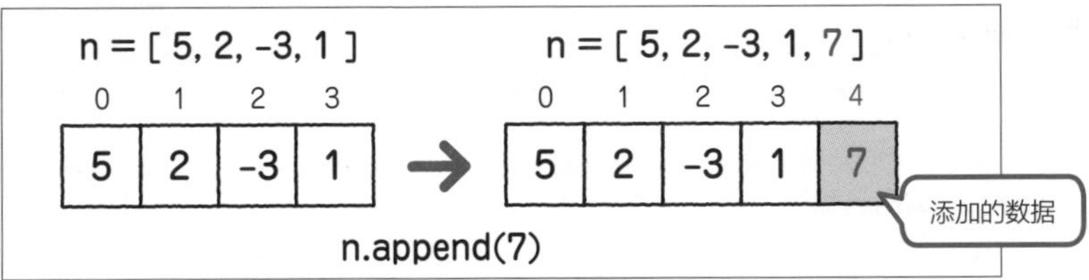

◉插入数据（insert）

用 **insert** 方法可在列表中的指定位置（索引）插入数据。

· 基于insert的数据插入

```
列表.insert(索引, 需插入的数据)
```

实际示例如下。

示例5-5（list-示例5.py）

```
# 声明列表
n = [5, 2, -3, 1]
# 在编号为2的元素处插入数据4
n.insert(2,4)
# 输出列表内容
print(n)
```

· 运行结果

```
[5, 2, 4, -3, 1]
```

在 [5, 2, −3, 1] 的编号为 2 的位置插入了值 4。由此，数据变为了 [5, 2, 4, −3, 1]。

· insert操作

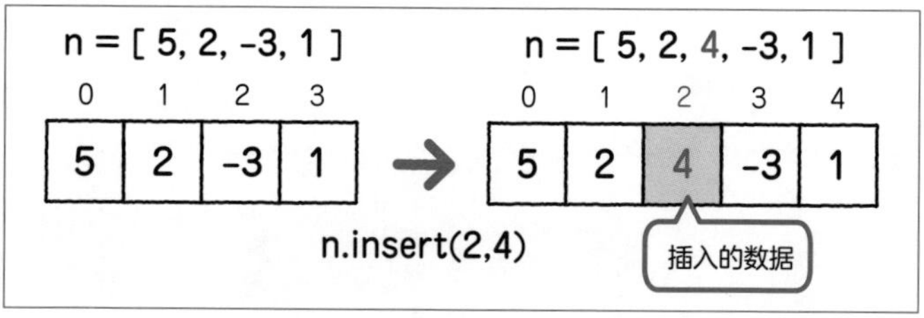

n = [5, 2, -3, 1]
0 1 2 3
5 2 -3 1
→
n = [5, 2, 4, -3, 1]
0 1 2 3 4
5 2 4 -3 1
n.insert(2,4)
插入的数据

◉删除数据（remove）

用 **remove** 方法可删除列表中指定的数据。

· 基于remove的数据删除

```
列表.remove(需删除的数据)
```

实际示例如下。

示例5-6（list-示例6.py）

```
# 声明列表
n = [5, 2, -3, 1]
#  从数据中删除-3
n.remove(-3)
# 输出列表内容
print(n)
```


· 运行结果

```
[5, 2, 1]
```

删除了 [5, 2, −3, 1] 中的值 −3。由此，数据变为了 [5, 2, 1]。

· remove操作

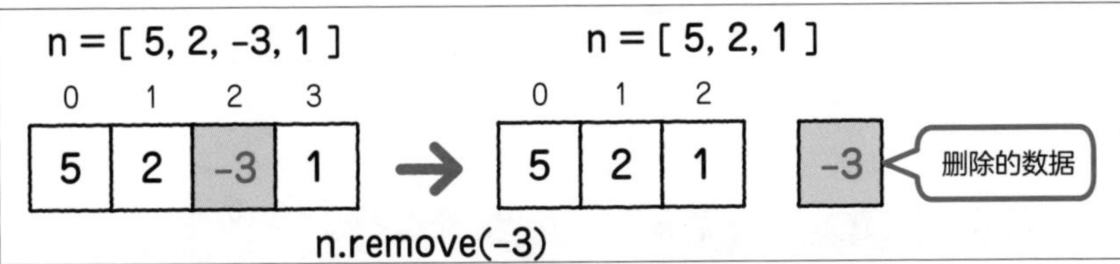

若有多个数据与指定数据有相同的值，则下标较小的数据将优先被删除。

◉清除所有数据（clear）

用 **clear** 方法可删除列表中的所有数据。

· 基于clear的数据清除

```
列表.clear()
```

示例5-7（list-示例7.py）

```
# 声明列表
n = [5 , 2 , -3 , 1 , -3 , 2]
#  从列表中清除数据
n.clear()
# 输出列表内容
print(n)
```

· 运行结果

```
[]
```

此程序只输出了 []——没有存储任何数据的列表。

列表的主要方法

除了以上介绍的几种，应用于列表的方法还有不少，下面介绍几种主要方法。

· list的主要方法

方法	详细作用
`count(x)`	获得与x相同的元素的个数
`extend(x)`	在列表的末尾添加列表x
`index(x, start, end)`	在从start到end之间的范围中，获得和x相同的元素的索引
`pop(i)`	删除指定索引i所对应的元素并返回该元素
`reverse()`	反转列表的排列顺序
`sort()`	重新排列列表

处理各种类型的数据

迄今为止，存储于列表中的只是整数，但除了整数之外，列表还可存储实数、字符串、布尔值等各种数据。而且，不仅是全为数值或全为字符串的数据，各种类型的数据也可混合存在于同一列表中。

示例5-8（list-示例8.py）

```
# 字符串列表
list1 = ["山田","佐藤","铃木","小林","太田"]
for e in list1:
    print(e,end=" ")
print()
# 实数列表
list2 = [1.23, 4.2, -0.1, 0.8,-4.23]
for e in list2:
    print(e,end=" ")
print()
# 布尔值列表
list3 = [True, False, False]
```

```
for e in list3:
    print(e,end=" ")
print()
# 各种数据混合存在的列表
list4 = [1.23, 1, "Japan", True]
for e in list4:
    print(e,end=" ")
print()
```

· 运行结果

```
山田 佐藤 铃木 小林 太田
1.23 4.2 -0.1 0.8 -4.23
True False False
1.23 1 Japan True
```


列表与运算符号

列表可用加法运算符（+）和乘法运算符（*）进行运算。用加法运算符可将多个列表连接后生成一个新列表。

· 列表的加法运算示例

```
[ "a", "b", "c" ] + [ "d" , "e" ]
```

← 结果为 ["a", "b", "c" , "d" , "e"]

若用乘法运算符将列表乘以整数 n，将生成一个由 n 个相同列表连接而成的列表。

· 列表的乘法运算示例

```
2 * [ "a", "b", "c" ]
```

← 结果为 ["a", "b", "c" , "a", "b", "c"]

通过示例实际体验一下。

示例5-9（list-示例9.py）

```
# 列表的连接
list1 = [ 1 , 2 , 3 , 4 ]
list2 = [ 5, 6, 7 ]

# 连接列表
print(list1+list2)
# 重复列表
```

```
08 print(2*list2)
```

· 运行结果

```
[1, 2, 3, 4, 5, 6, 7]
[5, 6, 7, 5, 6, 7]
```

由于 list1 为 [1 , 2 , 3 , 4]，list2 为 [5, 6, 7]，因此由 list1+list2 将 list1 的末尾连接了 list2，得到 [1, 2, 3, 4, 5, 6, 7]。

而将 [5, 6, 7] 乘以 2 可得到同一列表重复两次后的列表 [5, 6, 7, 5, 6, 7]。为了掌握 Python 编程，必须掌握对列表的高级操作。请读者务必学会熟练使用本节介绍的运算及将在“第 7 天”中介绍的切片。

例题 5-1 ★☆☆

如运行示例所示，编写程序，让用户使用键盘输入字符串并将其存储于列表中，若用户未输入任何内容便按了 Enter 键，则输出在那之前输入的所有字符串。

· 运行示例

```
输入字符串:Hello         ← 输入任意字符串并按 Enter 键
输入字符串:Python        ← 输入任意字符串并按 Enter 键
输入字符串:Programming   ← 输入任意字符串并按 Enter 键
输入字符串:              ← 不输入任何内容并按 Enter 键
Hello Python Programming
```

答案示例与解析

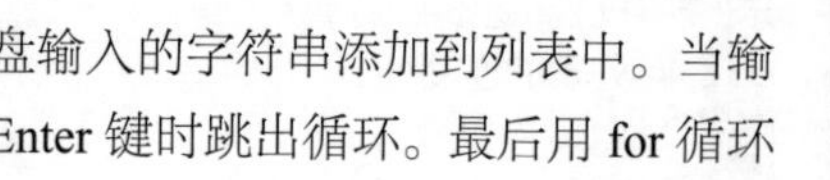

用 while 语句构建无限循环，将由键盘输入的字符串添加到列表中。当输入的字符串为空字符串（""），即只按了 Enter 键时跳出循环。最后用 for 循环输出列表中存储的字符串。

· 答案示例（ex5-1.py）

```
01 # 准备一个用于存储字符串的列表
02 strs = []
03 
04 while True:
05     s = input("输入字符串:")
06     if s == "" :
07         # 若未输入字符串则跳出循环
08         break
09     else:
10         # 把输入的字符串添加到列表中
11         strs.append(s)
12 
13 # 输出列表中所有字符串的值
14 for s in strs:
15     print("{} ".format(s),end="")
16 print()
```

例题 5-2 ★☆☆

让用户使用键盘输入多个数值，求这些数的和、平均值、最大值及最小值并输出。可输入任意数量的数值，当未输入数值并按 Enter 键时执行计算。

· 运行示例

```
输入数值:1.2  ←  输入数值并按 Enter 键
输入数值:3.1  ←  输入数值并按 Enter 键
输入数值:-1.5  ←  输入数值并按 Enter 键
输入数值:4.7  ←  输入数值并按 Enter 键
输入数值:5.0  ←  输入数值并按 Enter 键
输入数值:  ←  按 Enter 键
1.2 3.1 -1.5 4.7 5.0
和:12.5 平均值:2.5 最大值:5.0 最小值-1.5
```

答案示例与解析

程序大致可分为输入值的部分（前半部分）与输出值并同时进行各种计算的部分（后半部分）。

关于前一半输入数值的部分和例题 5-1 几乎相同。区别在于第 11 行中用

float 函数将字符串转换为数值。

• 答案示例（ex5-2.py）

```
# 准备一个用于存储数值的列表
nums = []

while True:
    s = input("输入数值:")
    if s == "" :
        # 若未输入字符串则跳出循环
        break
    else:
        # 将输入的字符串转换为数值并添加到列表中
        n = float(s)
        nums.append(n)

length = len(nums)
if length > 0:
    # 设置假定的最大值和最小值
    min = nums[0]
    max = nums[0]
    # 设置和为0
    sum = 0.0
    # 一边输出列表中所有数值的值，一边进行计算
    for n in nums:
        print("{} ".format(n),end="")
        # 若n大于假定的最大值，则更新最大值
        if max > n:
            max = n
        # 若n小于假定的最小值，则更新最小值
        if min < n:
            min = n
        sum += n
    # 计算平均值
    avg = sum / length
    print()
    print("和:{} 平均值:{} 最大值:{} 最小值{}".
format(sum,avg,max,min))
```

在后一半的输出部分中，同时进行和值计算与数值输出。和（sum）是将列表中所有数值相加后得到的值，平均值（avg）是将和除以列表长度后得到的值。

一开始将列表中的第一个值（nums[0]）暂定为假定的最大值和最小值。然后将其与 nums[1]、nums[2] 进行比较，并将大于假定最大值的值赋给 max。最小值也同理，如果有更小的值，则将其值赋给 min。

通过重复此操作，当循环进行到最后阶段时，max 和 min 中将保留所有数值中的最大值和最小值。

· 更新最大值和最小值的工作原理

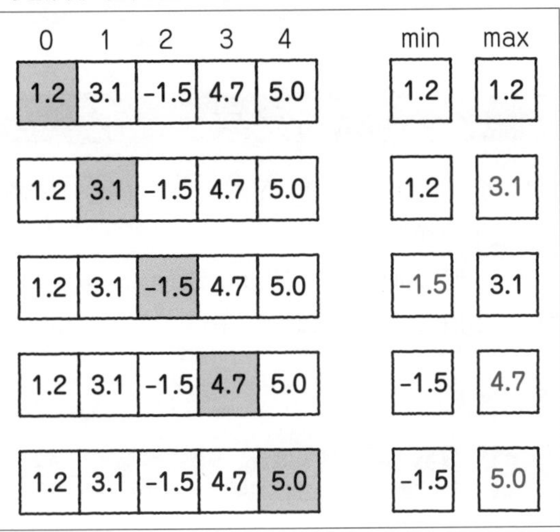

虽然 Python 中本就有作为内置函数存在的求最大值的函数 max 和求最小值的函数 min，但这里却没有使用这些方法便解决了问题。由于原本便存在相关函数，因此读者大概不会特意自己编写此类操作。但在编程练习中，挑战此类问题有增强实力的效果。

1-3 元组（tuple）

POINT

- 学习元组的概念和用法
- 掌握使用了元组的数据处理方法
- 理解元组和列表的相同点与不同点

元组是什么

元组（tuple）类似于列表，但不可以修改其中元素的值。相比于列表，元组的特点在于处理速度更快，且不消耗内存。

在处理大量数据时，并非一定要对数据的值进行修改、增加或删除。有些数据是不需要改变的，如日本的都道府县的列表。对于这样的数据，使用元组更为方便。

元组的语法格式

相对于列表用 [] 把值括起，元组用 () 括起元素。因此，元组定义如下。

- **定义元组的语法格式①**

```
(值1,值2,值3,…)
```

实际定义元组则如下。

- **定义元组示例**

```
t1 = (1, 2, 3)
t2 = ("ABC","DEF")
```

也可省略 ()。

- **定义元组的语法格式②**

```
值1,值2,值3,…
```

省略 () 的元组示例如下。

· **定义元组示例**

```
t1 = 1, 2, 3
t2 = "ABC","DEF"
```

可以使用和列表相同的操作进行元组内容的读取。比如，可以用 for 语句访问所有的元素，或用 [] 指定下标并取出所对应的元素。

示例5-10（tuple-示例1.py）

```
# 定义元组①……有()
t1 = (1, 2, 3, 4, 5)
# 定义元组②……无()
t2 = 6, 7, 8

# 输出元组
for n in t1:
    print(n,end=" ")
print()

# 输出元组
for n in t2:
    print(n,end=" ")
print()

# 输出个别元素
print(t1[0])
print(t2[0])
```

· **运行结果**

```
1 2 3 4 5
6 7 8
1
6
```

元组与列表的相互转换

和列表不同，元组中的值无法修改、添加或删除。由于列表和元组可以相互转换，因此，当需要添加或删除数据时，可通过暂时将元组转换为列表来实现。

◉ 从元组转换为列表

首先介绍从元组到列表的转换方法。下面代码便可从元组转换成列表。

· 从元组到列表的转换

```
列表 = list(元组)
```

介绍一个实际从元组转换为列表的示例。

示例5-11（tuple-示例2.py）

```
01 # 元组
02 frt = ('apple', 'orange', 'pineapple')
03 # 将元组转换为列表
04 lst = list(frt)
05 # 往列表中添加元素
06 lst.append('banana')
07 
08 print(lst)
```

· 运行结果

```
['apple', 'orange', 'pineapple', 'banana']
```

由运行结果可知，在第 4 行中元组 frt 被转换成了列表。虽然无法直接向元组中添加值，但通过将其转换为列表即可添加。

◉ 从列表到元组的转换

接下来介绍从列表到元组的转换方法。下面代码可从列表转换成元组。

· 从列表到元组的转换

```
元组 = tuple(列表)
```

也实际看一个示例。

示例5-12（tuple-示例3.py）

```
# 列表
frt = ['apple', 'orange', 'pineapple']
# 将列表转换为元组
tpl = tuple(frt)

print(tpl)
```

· **运行结果**

```
('apple', 'orange', 'pineapple')
```

综上所述，通过根据实际情况将元组和列表相互转换，便可灵活运用它们各自的长处。尤其是在需要采用不存在值变更的用法时，将列表转换为元组在程序处理速度等方面更具优势。

2 字典与集合

- 学习列表与元组之外的容器
- 学习字典的概念与用法
- 学习集合的概念与用法

2-1 字典（dict）

POINT

- 学习字典的概念和用法
- 掌握使用字典的数据处理方法
- 学习针对字典的各种操作

字典的语法格式

字典（dict）是用**键**（key）和**值**（value）的组合对数据进行管理的方法。它可以像现实生活中的字典一样，以键为基础检索并获得对应的值。字典的语法格式如下。

· 定义字典的语法格式

```
{ 键1:值1, 键2:值2, …}
```

用 :（冒号）连接起键和值的数据块就是字典的元素。元素之间用 ,（逗号）分隔。

· 字典的定义示例

```
d = { "yellow" : "黄色" , "red" : "红色" , "blue" : "蓝色" }
```

字典中的值如下。

```
d["yellow" ] : "黄色"
d["red" ] : "红色"
d["blue" ] : "蓝色"
```

· 字典的示意图

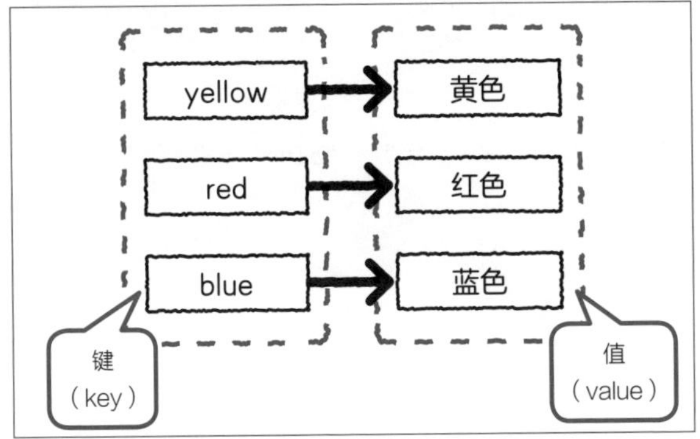

下面的示例输出字典中的所有内容以及通过键指定的各个数据。

示例5-13（dict-示例1.py）

```
# 设置字典中的元素
d = { "yellow" : "黄色" , "red" : "红色" , "blue" : "蓝色" }

# 输出字典
print(d)

# 输出值
print(d["yellow"])
print(d["red"])
print(d["blue"])
```

· 运行结果

```
{'yellow': '黄色', 'red': '红色', 'blue': '蓝色'}
黄色
红色
蓝色
```

可以自由设置相当于列表下标的键。键和值都可以被定义为任意类型的数据——数值、字符串或其他数据皆可。

循环与字典

和列表相同，用 for 循环可访问字典中的所有元素。由于有多种方法，因此本节一一进行介绍。

◉获取键的循环

首先介绍用 for 循环获取字典中的键的示例。

示例5-14（dict-示例2.py）

```
#  设置字典中的元素
d = { "yellow" : "黄色" , "red" : "红色" , "blue" : "蓝色" }

#  普通的for循环（只可获得键）
for k in d:
    print(k)
```

· **运行结果**

```
yellow
red
blue
```

由运行结果可知，将普通的 for 循环应用于字典便可获得键。下面示例在字典变量后加上 **keys 方法**，也可得到相同的结果。

示例5-15（dict-示例3.py）

```
#  设置字典中的元素
d = { "yellow" : "黄色" , "red" : "红色" , "blue" : "蓝色" }

#  使用了keys的for循环（只可获得键）
for k in d.keys():
    print(k)
```

◉获得值的循环

接着介绍使用 for 循环获得字典中的值的示例。和获取键相同，通过在 d 之后加上 **values 方法**便可获得值。

示例5-16（dict-示例4.py）

```
#  设置字典中的元素
d = { "yellow" : "黄色" , "red" : "红色" , "blue" : "蓝色" }

#  使用了values的for循环（只可获得值）
for k in d.values():
    print(k)
```

- **运行结果**

```
黄色
红色
蓝色
```

由运行结果可知，这次只输出了值。

◉同时获得键和值的例子

根据场景，会有字典中的键和值两者都必须获取的情况。此时需使用 **items 方法**。需要准备分别存储键和值的两个变量，变量之间用“,”分隔。

示例5-17（dict-示例5.py）

```
#  设置字典中的元素
d = { "yellow" : "黄色" , "red" : "红色" , "blue" : "蓝色" }

#  使用了items的for循环（可同时获得键和值）
for k,v in d.items():
    print("key = {} value = {}".format(k,v))
```

- **运行结果**

```
key = yellow value = 黄色
key = red value = 红色
key = blue value = 蓝色
```

针对字典的数据操作

接下来介绍修改、删除和添加字典中数据的方法。

◉添加、修改元素

用以下方法可修改或添加字典中的元素。

· **对字典修改或添加元素的语法格式**

```
01 字典变量[键] = 值
```

若键是字典中已存在的，则修改其对应的值；若是不存在的键，则添加键和值。

示例5-18（dict-示例6.py）

```
01 #  设置字典中的元素
02 d = { "yellow" : "黄色" , "red" : "红色" , "blue" : "蓝色" }
03 print(d)
04 
05 #  修改元素
06 d["yellow"] = "黄"
07 print(d)
08 
09 # 添加值
10 d["green"] = "绿色"
11 print(d)
```

第 6 行中将键 yellow 对应的值从“黄色”改成了“黄”。

```
d["yellow"] = "黄"
```

而第 10 行中添加了新的键 green，其对应的值为“绿色”。

```
d["green"] = "绿色"
```

运行结果如下。

· **运行结果**

```
{'yellow': '黄色', 'red': '红色', 'blue': '蓝色'}
{'yellow': '黄', 'red': '红色', 'blue': '蓝色'}
{'yellow': '黄', 'red': '红色', 'blue': '蓝色', 'green': '绿色'}
```

◉删除元素

接着介绍删除元素。

删除字典中的元素可使用 **del 函数**。而删除字典中的所有元素可使用 **clear 方法**。

示例5-19（dict-示例7.py）

```
01 # 设置字典中的元素
02 d = { "yellow" : "黄色" , "red" : "红色" , "blue" : "蓝色" }
03 print(d)
04 
05 # 删除元素
06 del(d["yellow"])
07 print(d)
08 
09 # 删除所有元素
10 d.clear()
11 print(d)
```

用第 6 行中的 del 函数删除了字典中包含键 yellow 的元素。然后通过第 10 行中的操作清除了字典中的所有元素。运行结果如下。

· 运行结果

```
{'yellow': '黄色', 'red': '红色', 'blue': '蓝色'}
{'red': '红色', 'blue': '蓝色'}
{}
```

字典中完全没有元素时输出 {}。

例题 5-3 ★☆☆

运行以下示例，编写程序，当用中文输入季节时，将其转换为英文。

春的英文为 Spring，夏的英文为 Summer，秋的英文为 Fall，冬的英文为 Winter。

· 运行示例

```
输入季节:春
春的英文为Spring。
```

答案示例与解析

准备两个列表并生成一个以它们为键和值的字典。然后以此字典为基础，将由键盘输入的中文季节名称转换为英文并输出。

· 答案示例（ex5-3_1.py）

```
01 # 用中文与英文表示季节名称的列表
02 ch_season = ["春","夏","秋","冬"]
03 eng_season = ["Spring","Summer","Fall","Winter"]
04 
05 # 以中文为键、英文为值生成字典
06 season = {} # 空字典
07 for k,v in zip(ch_season,eng_season):
08     season[k] = v
09 
10 # 输出生成的字典
11 print(season)
12 
13 # 让用户输入季节
14 s = input("输入季节:")
15 # 输出转换为英文后的季节名称
16 print("{}的英文为{}。".format(s,season[s]))
```

· 运行结果

```
{'春': 'Spring', '夏': 'Summer', '秋': 'Fall', '冬': 'Winter'}
输入季节:春
春的英文为Spring。
```

◉for语句与zip函数

生成由表示季节的中文与英文组成的字典时，可用 for 语句组合中文与英文的单词列表。此时使用的是第 7 行中出现的 **zip 函数**。

可以使用此函数从被指定为参数的多个列表（或元组）中，一个一个地提取值。因此，开始循环后，从 ch_season 中取出单词“春”，同时从 eng_season 中取出单词 Spring。然后生成将两个单词分别作为键和值进行组合的字典。

· for和zip的组合

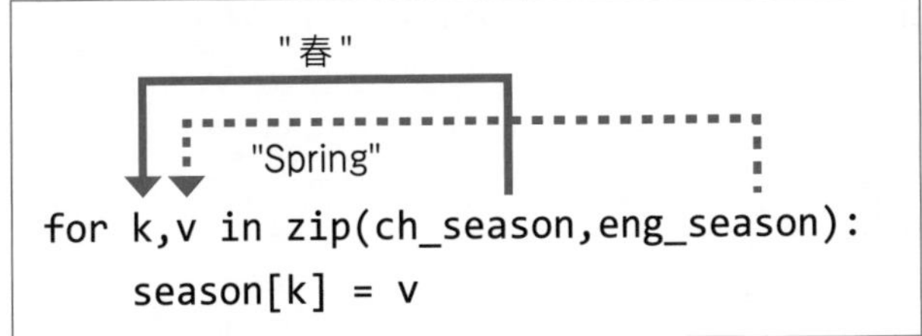

可进一步缩短此示例的代码。

· **用一行代码生成字典**

```
dict(zip(列表1, 列表2))
```

以上代码可生成以列表 1 中的元素为键、列表 2 中的元素为值的字典。以此为基础修改 ex5-3_1.py 如下。

答案示例（ex5-3_2.py）

```
# 用中文与英文表示季节名称的列表
ch_season = ["春","夏","秋","冬"]
eng_season = ["Spring","Summer","Fall","Winter"]

# 以中文为键、英文为值生成字典
season = dict(zip(ch_season,eng_season))

# 输出生成的字典
print(season)

# 让用户输入季节
s = input("输入季节:")

# 输出转换为英文的季节名称
print("{}的英文为{}。".format(s,season[s]))

```

2-2 集合

POINT

- 学习集合的概念与用法
- 掌握使用集合的数据处理方法
- 学习针对集合的各种操作

集合是什么

集合（set）与列表相似，但不能有重复值。而且，集合还可以进行**集合运算**。

集合是数学概念，指事物或数据的聚集体。求多个集合的相同点或不同点的运算称为**集合运算**。

在 Python 中可以定义数据集合，也可以进行集合之间的运算。

定义集合的语法格式如下。

· 定义集合的语法格式

```
集合名称 = {值1, 值2, 值3, …}
```

用 {} 定义集合。此符号虽然与定义字典的括号相同，但含义不同。读者须注意其用法。

实际编写集合则如下。

· 编写集合的示例

```
s = { 1, 6, -3, 2 }
people = { "Tom", "Mike", "Bob" }
```

◉ 集合不允许值有重复

集合中没有重复值。即使定义集合时有重复值，也会被自动删除。尝试实际编写一个有重复值的集合。

示例5-20（set-示例1.py）

```
# 定义集合中的元素（1为重复值）
numbers = { 1, 1, 2, 3}
print(numbers)
```

· 运行结果

```
{1, 2, 3}
```


由运行结果可知，当输出以 1 为重复值定义的集合 numbers 时，多余的 1 将被删除。

· 通过集合删除重复值

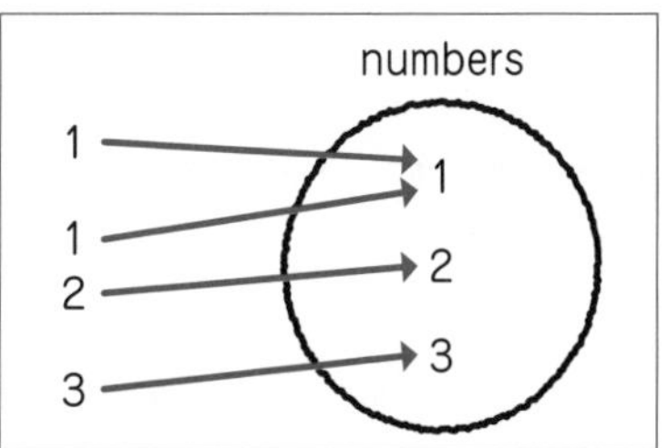

集合运算

下表中列出了集合运算的类型。

· 集合运算的类型和运算符号

运算名称	英文名称	运算符号
并集	union	|
交集	intersection	&
差集	difference	−
异或集	symmetric difference	^

下面提供两个存储了水果名称的集合，尝试编写这两个集合的各种集合运算。

· 进行集合运算的两个集合示例

```
fruit1 = {"苹果", "香蕉", "菠萝", "西柚"}
fruit2 = {"橘子", "苹果", "香蕉", "橙子"}
```

下图为表示这两个集合的**文氏图**。文氏图中的圆表示一个集合，在圆的重合部分中标记两个集合中都有的值。

• 集合fruit1和fruit2

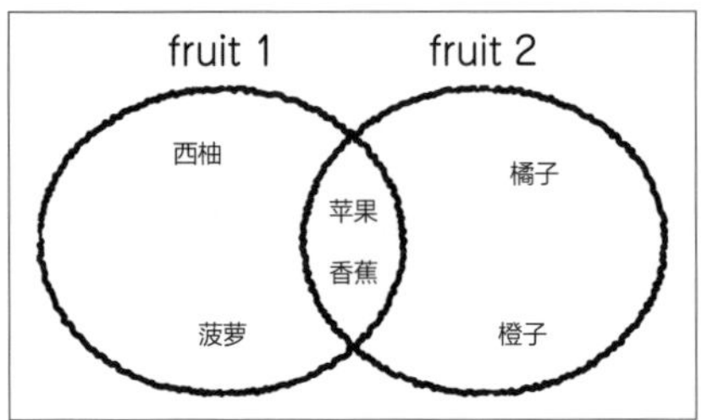

术语

文氏图

文氏图是将多个集合的关系或范围进行可视化的草图，用于可视化地整理对象并突出相同点或不同点。

◉并集

并集是指对于两个集合而言，属于其中某一个集合的所有元素的集合，运算符号为 |。因此，fruit1 和 fruit2 的并集可表示为 fruit1 | fruit2。

• 并集（fruit1 | fruit2）

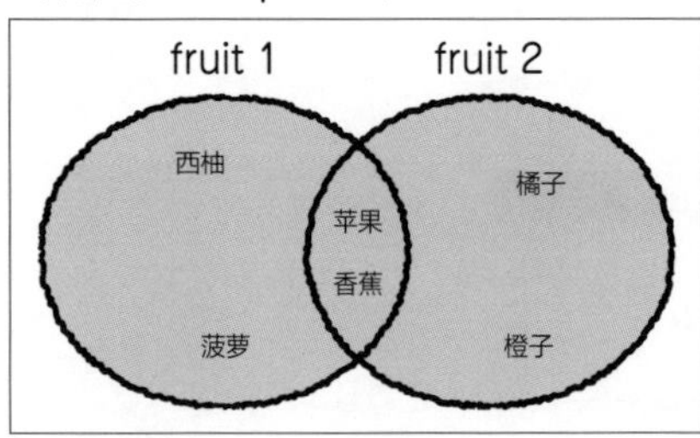

◉交集

交集是指对于两个集合而言，同时属于两个集合的所有元素的集合，运算符号为 &。因此，fruit1 和 fruit2 的交集可表示为 fruit1 & fruit2。

• 交集（fruit1 & fruit2）

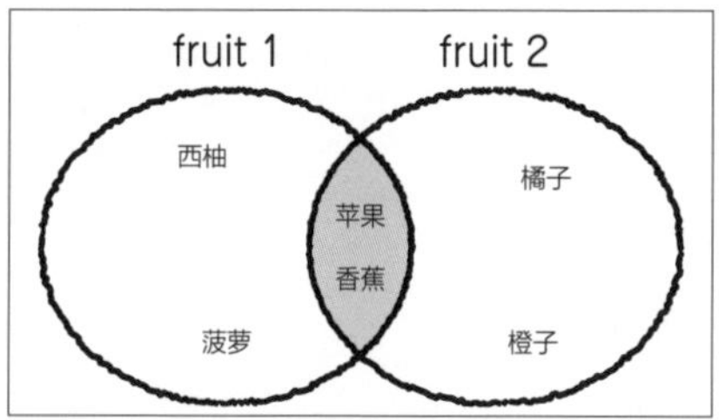

◉差集

差集是指从某个集合中除去属于其他集合的元素后得到的集合。与其他集合运算不同，当有 A、B 两个集合时，A – B 和 B – A 有所不同。差集的运算符号为“-”。fruit1 和 fruit2 的差集为 fruit1 – fruit2 和 fruit2 – fruit1。

• 差集（fruit1 – fruit2 / fruit2 – fruit1）

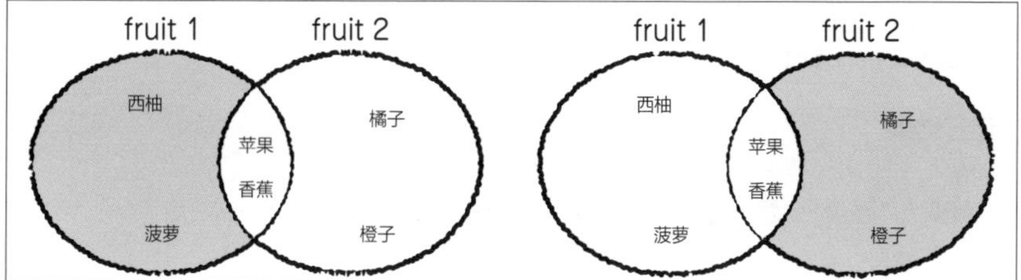

◉异或集

集合 A、B 的异或集指集合了所有“属于 A 但不属于 B”和“属于 B 但不属于 A”的元素后得到的集合。其结果为交集的补集。

异或集的运算符号为 ^。因此，fruit1 和 fruit2 的异或集可表示为 fruit1 ^ fruit2。

• 异或集（fruit1 ^ fruit2）

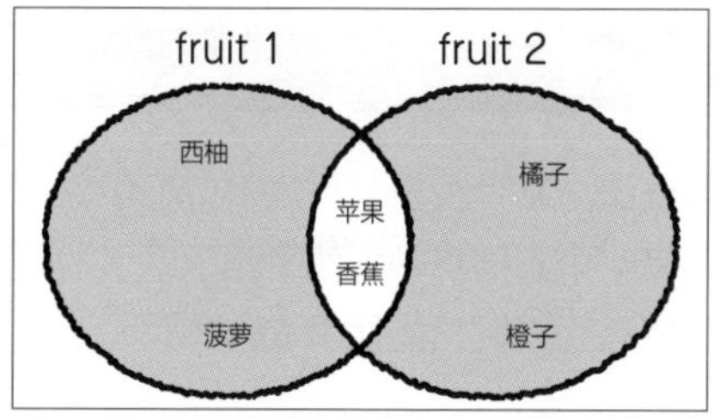

◉ 集合运算的示例

以下示例演示了这些集合运算。

示例5-21（set-示例2.py）

```
# 定义两个集合
fruit1 = {"苹果", "香蕉", "菠萝", "西柚"}
fruit2 = {"橘子", "苹果", "香蕉", "橙子"}
# 并集
print("并集")
print(fruit1 | fruit2)
# 交集
print("交集")
print(fruit1 & fruit2)
# 差集
print("差集")
print(fruit1 - fruit2)
print(fruit2 - fruit1)
# 异或集
print("异或集")
print(fruit1 ^ fruit2)
```

· **运行结果**

```
并集
{"菠萝", "香蕉", "西柚", "橙子", "苹果", "橘子"}
交集
{"苹果", "香蕉"}
差集
{"菠萝", "西柚"}
{"橘子", "橙子"}
异或集
{"菠萝", "西柚", "橙子", "橘子"}
```

由于集合不用索引号管理元素，因此元素顺序可能和定义时的顺序不同。

循环与集合

下面介绍用循环输出集合中的元素的方法。集合虽然与列表类似，但除了不允许重复值、可进行集合运算之外，还有一个不同点是不使用基于索引的数据管理方法。因此，用循环访问集合中的所有元素时只能使用 for 循环。

下例演示了用 for 循环访问集合中所有的元素。

示例5-22（set-示例3.py）

```
# 定义集合中的元素
s = { 1.2, -0.3, 2.7 , 3.6}

# 用for循环输出集合中的元素
for e in s:
    print("{} ".format(e),end="")
```

• 运行结果

```
-0.3 1.2 2.7 3.6
```

添加、删除或清除值

接下来介绍添加、删除或清除元素等各种操作集合的方法。下面通过实际示例来学习。

◎ 添加值

用 **add 方法**往集合中添加值。作为参数传递给 add 方法的值将被添加到集合中。

示例5-23（set-示例4.py）

```
# 定义集合中的元素
s = { "Japan" , "USA", "China" , "India" }

print(s)

# 添加元素 Australia
s.add("Australia")

print(s)
```

此示例中，向拥有 Japan、USA、China 和 India 4 个值的集合中添加了值 Australia。

• 运行结果

```
{'USA', 'India', 'China', 'Japan'}
{'China', 'Australia', 'USA', 'India', 'Japan'}
```

在此程序中，在添加值之前和之后都输出了集合中的元素。添加值之前的元素以和定义时完全不同的顺序输出。而添加数据后，和列表不同，值并不一定添加在集合的末尾。如此，**集合中既没有重复的值，也不保证顺序**。

◉删除值

用 **remove 方法**可删除集合中的值。

示例5-24（set-示例5.py）

```
# 定义集合中的元素
s = { "Japan" , "USA", "China" , "India" }

print(s)

# 删除元素USA
s.remove("USA")

print(s)
```

在此示例中，从 Japan、USA、China 和 India 中删除值 USA。

· 运行结果

```
{'USA', 'China', 'India', 'Japan'}
{'China', 'India', 'Japan'}
```

◉删除所有值

用 **clear 方法**可删除集合中的所有值。

示例5-25（set-示例6.py）

```
# 定义集合的值
s = { "Japan" , "USA", "China" , "India" }

print(s)

# 删除所有元素
s.clear()

print(s)
```

· 运行结果

```
{'China', 'India', 'Japan', 'USA'}
set()
```

set() 意为空集。由运行结果可知，通过 clear 方法，集合变为了空集。虽然集合的值是用 { 和 } 括起，但若写作 {} 则意为空字典，因此输出 set() 以示空集合之意。

例题 5-4 ★☆☆

用集合找出 12 和 18 的所有公约数。约数指对于某个整数而言，可以将其整除的整数。例如，由于 12 可以被 2 整除，因此 2 是 12 的约数。而公约数指两个以上的整数所共有的约数。例如，由于 12 和 18 都可以被 2 整除，因此 2 是这两个数的公约数。

答案示例与解析

将 12 的约数和 18 的约数分别存入集合中，然后求交集便可留下 12 和 18 的公约数。

首先，从数 1~12 中选出用该数除 12 后余数为 0 的数，并把它们添加到集合 div1 中以求 12 的约数。由于一开始 div1 的内容为空，因此用 div1=set() 进行初始化。

· 求12的约数

i	1	2	3	4	5	6	7	8	9	10	11	12
12%i	0	0	0	0	2	0	5	4	3	2	1	0

因此 div1 的内容变为 {1,2,3,4,6,12}。同理，若将 18 的约数集合设为 div2，则其内容为 {1,2,3,6,9,18}。

若将两者的交集设为 divs，则 divs=div1&div2，其结果为 {1,2,3,6}。

· 求12和18的公约数

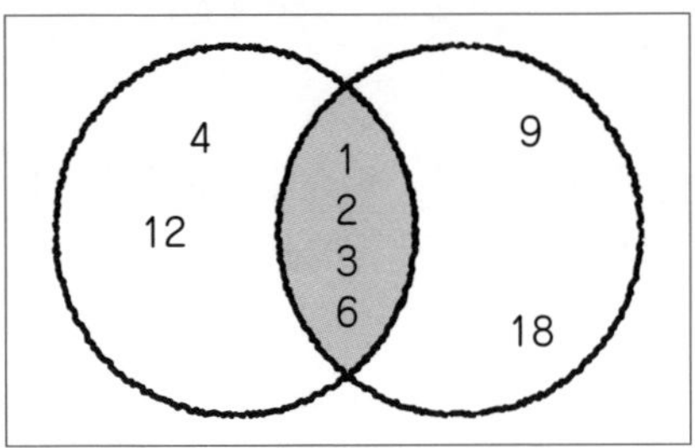

程序如下。

· 答案示例（ex5-4.py）

```
# 定义一个空集合
div1 = set()

# 从1~12中选出12的约数并添加到div1中
for i in range(1,12+1):
    if 12 % i == 0:
        div1.add(i)

div2 = set()
# 从1~18中选出18的约数并添加到div2中
for i in range(1,18+1):
    if 18 % i == 0:
        div2.add(i)

# 生成由12和18的公约数组成的集合
divs = div1 & div2
print("12和18的公约数:",end="")
for n in divs:
    print("{} ".format(n),end="")
print()
```

· 运行结果

```
12和18的公约数:1 2 3 6
```

2-3 推导式

POINT

- 学习使用推导式的高效容器生成方法
- 学习各种类型的推导式的写法
- 了解推导式的优点

什么是推导式

设置一个 1~10 的列表相对简单，只需像下面这样编写数值 1~10 就可以了。

• 生成由数字1~10构成的列表

```
[1,2,3,4,5,6,7,8,9,10]
```

然而，从编程的观点看，这很难说是一个简便的方法。像这样有规律的数据，是无论如何都希望用代码来编写的。

最简单的方法便是用 for 语句生成数据。

示例5-26（comp-示例1.py）

```
# 生成由数字1~10构成的列表
l = []
for n in range(1,10+1):
    l.append(n)

print(l)
```

• 运行结果

```
[1,2,3,4,5,6,7,8,9,10]
```

将这种写得更为简洁的方法称为**推导式**。推导式是在容器中编写用于生成容器的循环的方法。下面用推导式改写以上程序。

示例5-27（comp-示例2.py）

```
# 用推导式生成由数字1~10构成的列表
l = [n for n in range(1,10+1)]

print(l)
```

运行结果与示例 5-26 相同，因此省略。

◉推导式的语法格式

推导式也可用于列表以外的容器。由于使用频率最高的容器为列表，因此这里介绍生成列表时的语法格式。

· **列表推导式的语法格式①**

```
[表达式 for 变量 in 范围]
```

推导式常用于 list，也可以用于 dict 或 set 等。

在示例 5-27 中，n 的值从 1 变到 10，同时通过以 n 自身为表达式，生成了一个包含值 1~10 的列表。在标记为“表达式”的部分，需放入在 for 语句中使用的变量，或基于该变量的表达式。例如，在使用变量 n 时，可放入类似于 n 或 2*n 的表达式。

· **推导式**

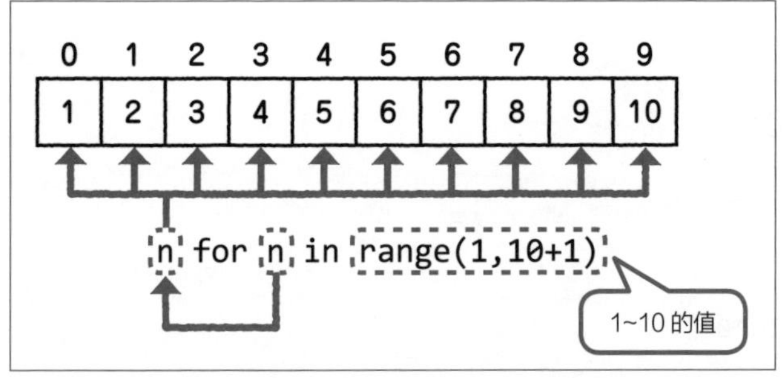

带条件的推导式

此外，推导式中还可带有条件表达式。由此，可生成具有更复杂规律的列表。

· **列表推导式的语法格式②**

```
[表达式 for 变量 in 范围 if 条件表达式]
```

由此，只从用 for 语句生成的值中输出满足条件表达式的值。

下面通过示例来学习带条件的推导式的用法。

示例5-28（comp-示例3.py）

```
# 用推导式生成由1~10之间的偶数构成的列表
list1 = [n for n in range(1,10+1) if n % 2 == 0]

print("1~10之间的偶数:{}".format(list1))

# 用推导式生成由10的约数构成的列表
list2 = [n for n in range(1,10+1) if 10 % n == 0]

print("10的约数:{}".format(list2))
```

· **运行结果**

```
1~10之间的偶数:[2, 4, 6, 8, 10]
10的约数:[1, 2, 5, 10]
```

由于 list1 只取出 1 ～ 10 之间可被 2 整除的数，因此结果为 [2,4,6,8,10]。由于 list2 只输出可整除 10 的数，因此结果为 [1,2,5,10]，即 10 的约数。

在用 for 语句生成列表时，若使用 append 方法往空列表中一个一个地添加元素，则会因为调用方法产生微小的浪费。由于使用推导式不会产生类似的浪费，因此从处理速度的角度出发，推导式更为常用。

3 练习题

答案见第 285 ~ 287 页

问题 5-1 ★☆☆

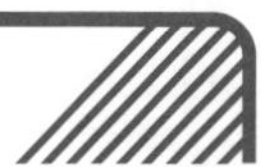

如运行示例所示，编写一个输出所有从键盘输入的字符串的程序。输入的单词全部存储于列表中，若用户未输入任何内容便按下 Enter 键，则输出该列表中的所有内容。

· 运行示例

```
输入单词:car  ←—— 输入单词并按 Enter 键
输入单词:house  ←—— 输入单词并按 Enter 键
输入单词:street  ←—— 输入单词并按 Enter 键
输入单词:door  ←—— 输入单词并按 Enter 键
输入单词:snow  ←—— 输入单词并按 Enter 键
输入单词:  ←—— 不输入任何内容并按 Enter 键

car house street door snow
```

问题 5-2 ★★☆

编写一个将从键盘输入的整数分为偶数和奇数进行输出的程序。

（1）运行程序后输出“输入整数:”，并接收整数输入。

（2）不断重复（1）中的操作，直到用户不输入任何内容并按下 Enter 键。

（3）将输入的数值分为偶数和奇数并输出。

· 运行示例

```
输入整数:1 ← 输入整数
输入整数:8 ← 输入整数
输入整数:9 ← 输入整数
输入整数:6 ← 输入整数
输入整数:4 ← 输入整数
输入整数:5 ← 输入整数
输入整数:2 ← 输入整数
输入整数: ← 按 Enter 键
偶数: 8 6 4 2
奇数: 1 9 5
```

问题 5-3 ★☆☆

如运行结果所示，若由键盘输入英文单词，则输出其对应的中文。用字典存储英文和中文的对应关系。可使用下表中的英文和中文的对应关系。

· 英文单词与中文的对照表

英文	中文
cat	猫
dog	狗
bird	鸟
tiger	虎

· 运行示例

```
请用英文输入动物名称:cat ← 在光标后输入英文单词
“猫”。
```

第6天

函数与模块

1 函数

- 学习自定义函数的方法
- 理解模块的概念与用法
- 编写分为多个脚本文件的程序

1-1 由用户定义的函数

POINT

- 理解自定义函数的方法
- 理解自定义函数的规范
- 接触各种函数的示例

函数的定义

函数是将多个操作汇总成一个操作，并为其命名的语句块。对于复杂的操作或需要多次重复执行的操作，将其汇总为函数会十分方便。

· 函数的示意图

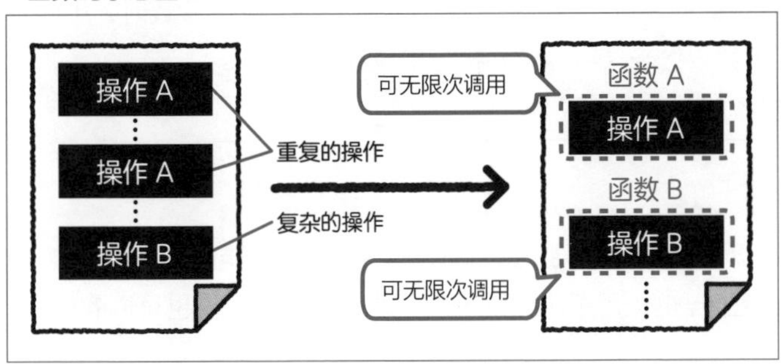

之前已使用过 print 和 input 等 Python 内置函数。其实用户也可以自己定义函数。

当编写在一定程度上具有实用性的程序时，多次编写经常执行的操作或重复执行的复杂操作是十分麻烦的。若将这些操作汇总为函数，就可以简单地进行调用了。

本节将介绍定义并调用函数的方法。

定义函数

函数定义如下。

- **定义函数**

```
def 函数名(参数1,参数2,…):
    …
    return 返回值
```

◉函数名

函数名是赋予函数的名称，可按照与变量相同的规则自由命名。不过，不可将其命名为内置函数的名称或与其他已定义的函数重复的名称。

此外，最好能将函数名命名为能够说明其操作内容的名称。例如，用于进行加法运算的函数为 add，用于进行输出的函数为 show。这样，不仅是用户自己，其他人看到也能理解函数内容。这一点请读者务必记住。

◉参数

参数是传递给函数的参量。参数需定义为变量。当有多个参数时，中间用 ,（**逗号**）分隔。函数将接受这些参数并执行相应操作。

参数可视情况省略。

◉返回值

返回值是函数返回的操作结果。Python 中用 **return 语句**返回返回值。即使没有返回值，return 也可用于中途跳出函数的场景。返回值也可以省略。

定义各种函数

为了加深对函数的理解，最好的方法是接触大量示例并自己定义函数。

◎定义进行加法运算的函数

下面是进行加法运算的函数示例。

示例6-1（func-示例1.py）

```
01 def add(x,y):
02     return x + y
03 
04 # 调用函数
05 ans = add(2,3)
06 print(ans)
```

- 运行结果

```
5
```

函数名为 add，取 x 和 y 两个值为参数。返回值返回这两个变量的和 x+y。第 1、2 行中定义函数，第 5 行中调用此函数。由于 2 和 3 被作为参数传递给函数，因此得到返回值 5。这个值（两个数的和 5）同时被赋值给变量 ans。

- add函数的示意图

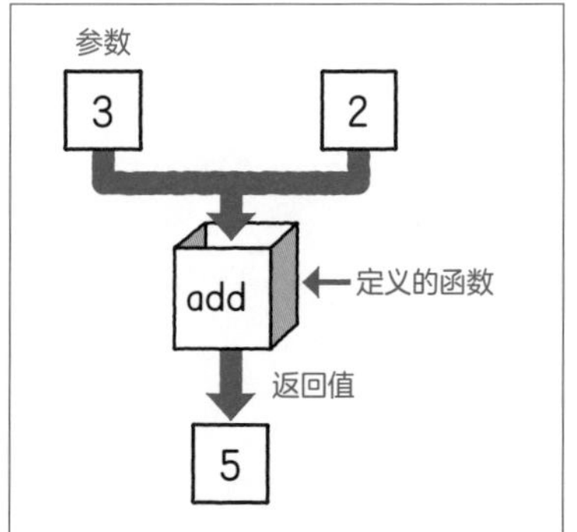

读者可试着实际将此程序的参数变为各种组合。可以看出，不论是怎样的数值组合，都一定会返回两个数的和。

◉ 定义取最大值的函数

下面示例定义了从两个数中取最大值的函数 max_2。

示例6-2（func-示例2.py）

```
01 def max_2(x,y):
02     if x > y:
03         # 若x较大则返回值为x
04         r = x
05     else:
06         # 若y较大则返回值为y
07         r = y
08     return r
09 
10 # 调用函数
11 m = max_2(2,3)
12 print(m)
```

· 运行结果

```
3
```

此函数中传递了两个参数 x 和 y。这一点和 add 函数相同。max_2 的返回值 r 在函数定义的最后，即第 8 行返回。根据第 2~7 行中的 if~else 语句，若 x 大于 y 则将 x 赋值给 r，否则将 y 赋值给 r。

由此，返回值为 x 和 y 中较大的值。

· max_2函数的示意图

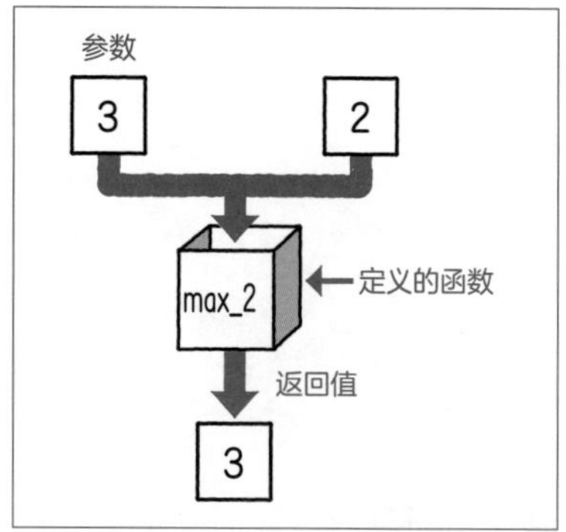

◉没有返回值的函数示例①

接下来介绍几个没有返回值的函数示例。作为最简单的例子，首先介绍一个将传递给函数的参数直接输出的例子。

在 VSCode 中输入以下示例并运行。

示例6-3（func-示例3.py）

```
def show(str):
    print(str)

show("hello")
```

- 运行结果

```
hello
```

返回值函数是在得到某些运算结果时使用的。但是，如果只是进行某些输出操作时，就不需要返回值。在这种情况下，可以创建一个确保 return 不返回任何值的函数。

在示例 6-3 中，直接用 print 函数输出传递给定义好的 show 函数的参数。和之前的示例不同，这个函数中没有 return 语句。由于不返回任何值，因此省略 return。如果 show 函数中不省略 return，则编写代码如下。

- show函数（不省略return时）

```
def show(str):
    print(str)
    return
```

虽然最后写了一个 return，但由于没有返回值，因此其后不编写任何代码。此时，return 语句可省略。

◉没有返回值的函数示例②

将字符串和整数作为参数传递给函数后，整数值为多少，便输出多少次字符串。

示例6-4（func-示例4.py）

```
def show_loop(str,num):
    if(num<= 0):
        print("请用正数输入重复次数")
        return
    # 重复输出num次str
    i = 0
```

```
07        while i < num:
08            print("{} ".format(str),end="")
09            i = i + 1
10        # 最后输出换行符
11        print()
12
13    # 输出3次hello
14    show_loop("hello",3)
15    # 输出4次world
16    show_loop("world",4)
17    # 输出-1次Python
18    show_loop("Python",-1)
```

· 运行结果

```
hello hello hello
world world world world
请用正数输入重复次数
```

在定义好的 show_loop 函数中，取字符串作为第 1 个参数，整数作为第 2 个参数。例如，第 1 个参数为 hello、第 2 个参数为 3 时，输出 3 次字符串 hello，即 hello hello hello。

而当整数参数为负数时，输出“请用正数输入重复次数”并结束函数操作。这是因为第 4 行的 return 函数中止了函数操作。

调用函数时需注意的点

在调用函数时有一些需要注意的地方。本节介绍其中特别重要的几点。

◎规则1：在调用之前定义函数

在调用函数时，必须先定义，再调用。在定义函数时，需要注意程序运行的顺序。

· 错误的调用方法

```
ans = add(2,3)

def add(x,y):
    return x + y
```

· 正确的调用方法

```
def add(x,y):
    return x + y

ans = add(2,3)
```

由于脚本文件从上向下运行，因此在定义函数之前调用该函数则会报错。

◉规则2：禁止函数名重复

不能定义函数名重复的函数。不能用相同的函数名同时定义有不同的参数或返回值的函数。

· 错误的定义方法

```
def add(x,y):
    return x + y

def add(x,y,z):
    return x + y + z
```

即使是拥有相似功能的函数，若参数不同则需将其作为不同的函数重新定义。

· 正确的定义方法

```
def add_2(x,y):
    return x + y

def add_3(x,y,z):
    return x + y + z
```

如上例所示，当同时需要一个对两个参数和一个对三个参数进行加法运算的函数时，设法用易于理解的方式赋予它们不同的名称，如 add_2 和 add_3。

例题 6-1 ★☆☆

定义求两个数中的最小值的函数 min_2。

答案示例与解析

此例题可以参考已经学过的示例 6-2 中求最大值的函数 max_2。max_2 函数在作为参数传递给函数的两个参数中返回较大的数，从而得到最大值。这里要定义的 min_2 函数与之相反，返回参数中较小的数。

· 答案示例（ex6-1.py）

```
# 获取最小值的函数
# 函数名
#   min_2
# 参数
#   x : 第1个数
#   y : 第2个数
# 返回值:
#   x和y中的较小值
def min_2(x,y):
    if x < y:
        # 若x更小则返回值为x
        r = x
    else:
        # 若y更小则返回值为y
        r = y
    return r

# 求m,n中的最小值
m = 1
n = 2
print("{}和{}中最小的数是{}。".format(m,n,min_2(m,n)))
```

运行后可知，得到了 m 和 n 中较小的值作为返回值。

· 运行结果

```
1和2中最小的数是1。
```

读者可将各种值赋值给 m 和 n，以确认函数是否正确运行。

例题 6-2 ★☆☆

用在例题 6-1 中定义的 min_2 函数，定义求 3 个数中的最小值的函数 min_3。

答案示例与解析

· 答案示例（ex6-2.py）

```
def min_2(x,y):
    if x < y:
        # 若x更小则返回值为x
        r = x
    else:
        # 若y更小则返回值为y
        r = y
    return r

def min_3(x,y,z):
    # 将x和y中的最小值赋值给m
    m = min_2(x,y)
    # 将y和z中的最小值赋值给n
    n = min_2(y,z)
    return min_2(m,n)

# 求a、b、c中的最小值
a = 1
b = 2
c = 3
min_num = min_3(a,b,c)
print("a={} b={} c={}".format(a,b,c))
print("最小的数是{}。".format(min_num))
```

· 运行结果

```
a=1 b=2 c=3
最小的数是1。
```

定义函数 min_2 后，接着定义以 3 个整数为参数并以其中的最小值为返回值的函数 min_3。在这个函数中，取参数 x、y、z，首先用 min_2 求 x 和 y 中的最小值 m，然后求 y 和 z 中的最小值 n，接着求 m 和 n 中的最小值，便可最终得到 x、y 和 z 中的最小值[1]。

若将 x、y 和 z 中的最小值作为返回值，便可完成求 3 个数中的最小值的函数。像这样在一个函数中调用其他函数的操作也经常会用到，因此还请读者记住。

[1] 译注：在函数min_3中，得到x和y中的最小值m后，直接返回m和z中的最小值也可以。

1-2 局部变量与全局变量

POINT

- 理解局部变量的概念
- 理解全局变量的概念
- 加深与变量作用域相关的理解

局部变量与全局变量

在 ex6-2.py 的 min_2 与 min_3 中，使用了同名变量（参数）x 和 y。但尽管同名，它们作为变量也是完全不同的。

像这样在特定函数中使用的变量称为**局部变量**。由于 min_2 和 min_3 分别是不同的函数，且 x 和 y 都是局部变量，因此**即使是同名变量，若函数不同，也会被当作不同变量处理**。

此外，**局部变量在离开相应函数后便会失效**。

与此相对，前面使用过的变量称为**全局变量**。从程序中的任何位置都可访问全局变量。

变量的作用域

变量的有效范围称为**作用域**。全局变量的作用域为整个程序，而局部变量的作用域只限于函数之中。

介绍一个实际使用了局部变量和全局变量的例子。在 VSCode 中输入以下示例并运行。

示例6-5（func-示例5.py）

```
# 定义全局变量g
g = 5

# 在函数中调用局部变量和全局变量
def dummy():
    # 定义局部变量a
    a = 1
```

```
    # 输出g和a
    print("dummy : g={}".format(g))
    print("dummy : a={}".format(a))

# 调用函数
dummy()
# 输出g和a
print("g={}".format(g))
print("a={}".format(a))
```


由于全局变量 g 的作用域为整个程序，因此不论在 dummy 函数中还是在最后的操作中都同样得到值 5。但由于 a 是 dummy 函数的局部变量，所以只能用于该函数内部。在函数 dummy 中定义的局部变量 a 不可用于 dummy 之外的地方。因此，最后一行在函数外输出变量 a 的值时会发生异常。

· 运行结果

```
dummy : g=5
dummy : a=1
g=5
Traceback (most recent call last):
  File "c:/programming/python/func-示例5.py", line 15, in
<module>
    print("a={}".format(a))NameError: name 'a' is not defined
```

重要

虽然全局变量随处可用且十分方便，但若使用过度，就很难知道在哪个操作中被修改了。因此，最好不使用全局变量。

1-3 可变长参数

POINT

- 理解可以自由改变参数个数的函数
- 理解元组参数和字典参数的不同
- 通过各种示例理解实用的用法

可变长参数

在之前学习的函数中，当有参数时，参数的个数都是固定的。而 Python 中的函数还可以定义可自由改变个数的参数。

这称为**可变长参数**，有两种情况分别为元组和字典。

参数为元组

带有元组型可变长参数的函数定义如下，在元组参数前需加上 *。

· 定义带有元组型可变长参数的函数

```
def 函数名(*元组参数):
    …
    return 返回值
```

示例6-6（func-示例6.py）

```
# 带有元组参数items的函数
def show_items(*items):
    for i,item in enumerate(items):
        print("{}:{} ".format(i,item),end="")
    print()
show_items("ONE","TWO","THREE","FOUR")
show_items("一","二","三")
```

· 运行结果

```
0:ONE 1:TWO 2:THREE 3:FOUR
0:一 1:二 2:三
```

show_items 函数是对作为参数传递给函数的元组进行编号并输出的函数。

这里调用了两次 show_items 函数。第 1 次有 4 个参数，第 2 次有 3 个参数。能够做到这一点是因为**参数定义为了元组**。

换言之，最初将有 4 个元素的元组作为参数，然后将有 3 个元素的元组作为参数传递给函数，可见被传递的参数有多少个，便输出多少个值。当参数的个数不定时，将元组作为参数会十分方便。

◉ enumerate函数

第 3 行中的 enumerate 函数是同时提取元素索引与元素的函数。将列表或元组用于 for 语句时只能得到元素，但若使用 enumerate 函数则可得到索引和元素的组合。

· enumerate函数

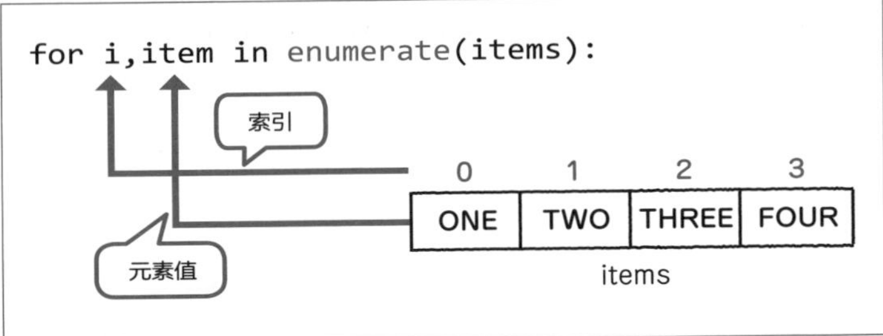

参数为字典

带有字典型可变长参数的函数定义如下。

· 定义带有字典型可变长参数的函数

```
def 函数名(**字典参数):
    ...
    return 返回值
```

在参数前加上 **，则传递的参数将变为字典。这种类型的参数称为**关键字参数**。此参数可用参数名与值的组合将值传递给函数。

· 参数名与参数的关系

```
键:参数名
值:参数
```

实际是什么样的呢？学习一个简单的例子吧。

示例6-7（func-示例7.py）

```
# 带有字典参数 items 的函数
def show_items(**items):
    for key,value in items.items():
        print("{} : {} ".format(key,value))
    print()

# 传递字典形式的键值对作为参数
show_items(key1="hoge",key2="fuga")

# 传递字典形式的键值对作为参数
show_items(k1="Hello",k2="Python",k3="Programming")
```

· 运行结果

```
key1 : hoge
key2 : fuga

k1 : Hello
k2 : Python
k3 : Programming
```

由运行结果可知，函数可以以字典的形式传递数据。当希望给**参数值赋予特定名称**时，使用这种方法十分方便。

◉有多个返回值的函数

前面介绍了取多个参数的方法。实际上，返回值也可以取多个值。

通过在函数中用 ,（逗号）分隔各个返回值的值，便可将多个值作为返回值。在 VSCode 中输入以下示例并运行。

示例6-8（func-示例8.py）

```
# 对两个整数a、b进行计算的函数
def calc(a,b):
    # 计算答案
    ans1 = a + b
    ans2 = a - b
    ans3 = a * b
    ans4 = a // b
    # 用元组返回答案
    return ans1,ans2,ans3,ans4

x = 10
y = 2

# 进行计算
a1,a2,a3,a4 = calc(x,y)

# 输出答案
print("{} + {} = {}".format(x,y,a1))
print("{} - {} = {}".format(x,y,a2))
print("{} × {} = {}".format(x,y,a3))
print("{} ÷ {} = {}".format(x,y,a4))
```

· **运行结果**

```
10 + 2 = 12
10 - 2 = 8
10 × 2 = 20
10 ÷ 2 = 5
```

此示例中定义的函数 calc 执行对作为参数传递给函数的多个整数的四则运算，并返回所有计算结果。

计算结果以多个值 ans1、ans2、ans3 和 ans4 的形式返回。通过在 return 语句中用 ,（逗号）分隔这些值，将多个值作为元组返回。

当函数结果被赋值给变量 a1、a2、a3 和 a4 时，和 return 语句相同，用 ,（逗号）分隔便可同时将返回值赋值给这些变量。

2 分割文件

- 学习将程序分为多个文件的方法
- 学习模块的概念
- 学习包的概念

2-1 模块

POINT

- 将程序分割为多个模块
- 理解 import
- 学习灵活运用模块的方法

模块是什么

在 Python 中经常将定义函数的文件和执行程序主体的脚本文件分开，在开发大型程序时这是必需的。因此，可将程序分割为一个称为**模块（module）**的单元。模块是可供其他程序使用的程序。

把程序分割为模块后，可以更方便地查看脚本文件。若不分割文件，并且将所有内容写在一个文件中，则程序的易读性大幅降低，难以理解，从而将导致编程效率降低。

分割文件还有一个好处，是可以把相关联的功能汇总在一起。按照不同功能分割模块，程序将更便于整理。

此后，按照模块给多个程序员分配任务，程序开发也变得更容易。

· 模块的示意图

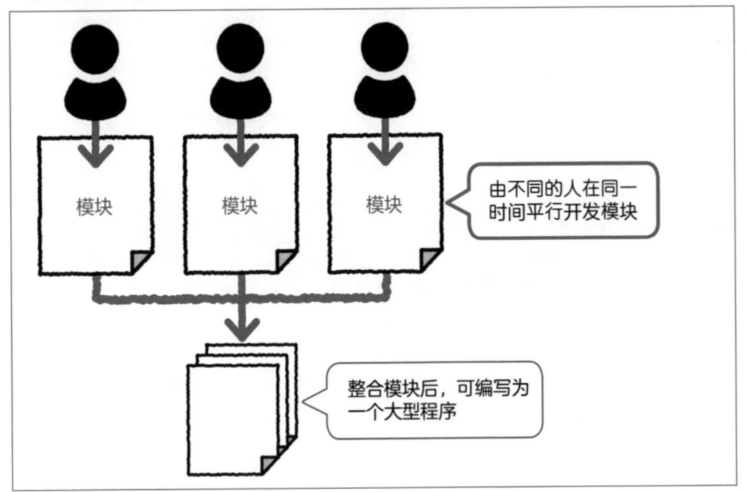

导入分割后的文件的方法有以下两种。

（1）用 import 语句导入模块。

第 1 种是导入整个模块的方法。使用 import 语句导入模块，语法格式如下。

· 导入模块

```
import 模块名
```

若需要导入的文件为 hoge.py，则编写 import hoge。在指定文件名时，省略扩展名 .py。而去掉 .py 之后的文件名就是**模块名**。

而在调用已导入的模块中的函数时，必须在函数名前加上模块名。语法格式如下。

· 调用模块中的函数

```
模块名.函数名(参数1, 参数2,…)
```

在 VSCode 中输入以下程序文件。此程序分为主体操作部分（module-示例 1.py）与模块（calc.py）。在主体操作部分中，导入模块并运行其中的函数。

首先在 VSCode 中输入作为主体操作部分的以下程序并保存。

示例6-9（module-示例1.py）

```
# 导入calc模块
import calc

a = 2
b = 3
# 调用模块中的函数
ans1 = calc.add(2,3)
ans2 = calc.sub(2,3)

print("{} + {} = {}".format(a,b,ans1))
print("{} - {} = {}".format(a,b,ans2))
```

然后在 VSCode 中输入以下程序作为模块，文件名为 calc.py，并保存在与主体操作文件相同的目录下。

示例6-10（calc.py）

```
# 加法运算
def add(x,y):
    return x + y
# 减法运算
def sub(x,y):
    return x - y
```

虽然程序被分为了多个文件，但需要运行的是 module- 示例 1.py 文件。运行结果如下。

- **运行结果**

```
2 + 3 = 5
2 - 3 = -1
```

由于通过编写 import calc 便可使用 calc.py，因此在 module- 示例 1.py 中可调用 add 函数与 sub 函数。

- 示例6-9中的模块导入

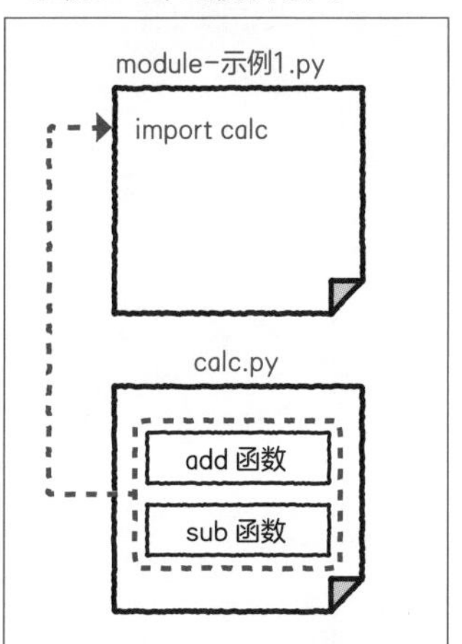

在主体操作中调用 add 函数和 sub 函数时，如第 7 行与第 8 行所示，需在函数名前加上 calc.。

（2）只导入模块中特定的函数。

虽然用 import 可导入模块中所有的函数，但根据情况也有只需要用到其中某些特定函数的情形。此时，可用以下语法格式导入函数。

- 导入模块中特定的函数

```
from 模块名 import 函数名
```

示例6-11（module-示例2.py）

```
# 导入calc模块
from calc import add

a = 2
b = 3
# 调用模块中的函数
ans1 = add(2,3)
# 由于未导入sub函数,因此无法使用该函数
#ans2 = sub(2,3)

print("{} + {} = {}".format(a,b,ans1))
#print("{} - {} = {}".format(a,b,ans2))
```

- 运行结果

```
2 + 3 = 5
```

在 module- 示例 2.py 中，只从之前创建的 calc.py 中导入了 add 函数。

· 示例6-11中的模块导入

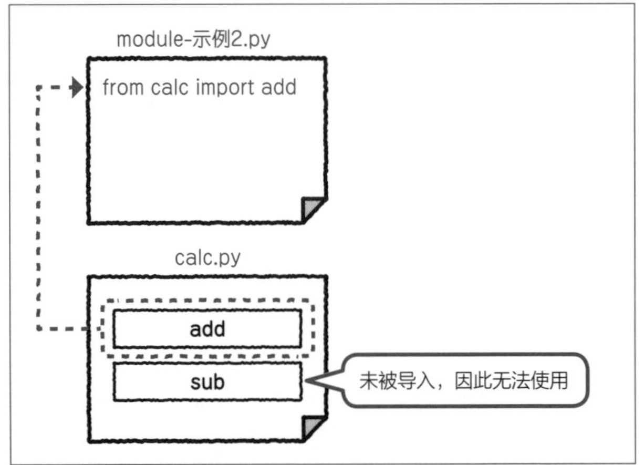

与示例 6-9 不同，此时无须**在函数名前加上模块名 calc**。
在 calc.py 中还定义了 sub 函数，但此时无法调用。
尝试删除第 9 行 #ans2 = sub(2,3) 中的注释符号 # 并运行程序。

· 删除注释符号

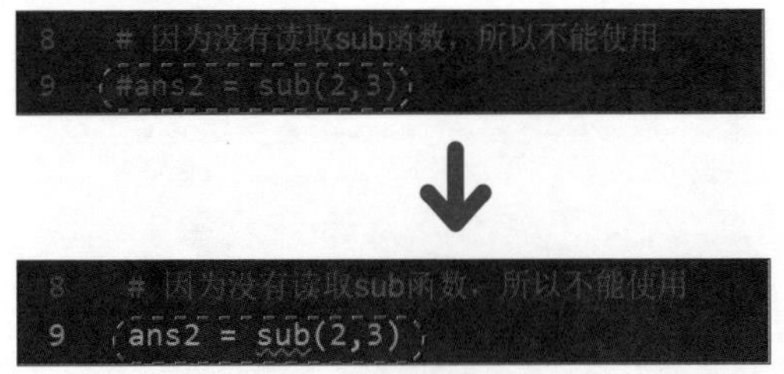

运行后将显示如下错误。

· 试图调用sub函数时发生的错误

```
Traceback (most recent call last):
  File "c:\Users\[illegible]\Desktop\Working\Python Study\Python\module.py", line 9, in <module>
    ans2 = sub(2,3)
NameError: name 'sub' is not defined
```

这个错误意为“函数名 sub 未定义”。也就是说，虽然 add 函数由于已被导入，因此可以使用，但 sub 函数由于未被导入却不可使用。

术语

注释掉

在程序的某一部分中，通过在行首添加 #，使代码变为注释而失效，暂时不能运行。这称为“注释掉”。由于经常被作为调试的技巧使用，因此还请读者记住。

2-2 包

POINT

- 理解包的概念
- 理解将多个模块打包的方法
- 学习 __init__.py 的用法

包是什么

当有多个模块时，可以使用多个 import 语句。但若模块数量太多，管理起来将十分麻烦。此时，起作用的便是**包（package）**。

通过将模块汇总为目录便可创建包。此目录的名称即为**包名**。

术语

目录

目录即为文件夹。

此时，在目录内部添加多个模块的脚本文件，并配置 __init__.py 文件。

· 包的基本构造

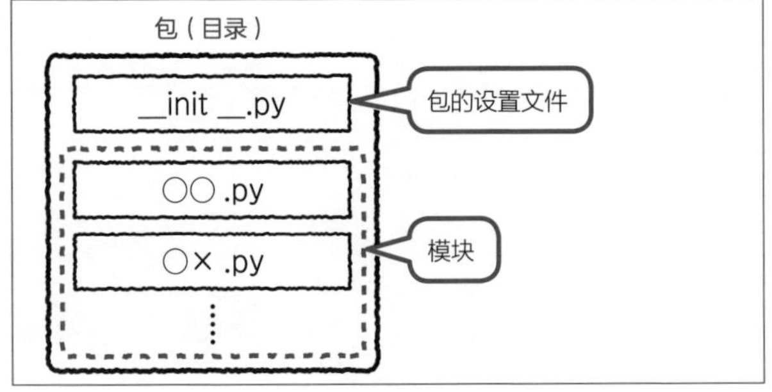

__init__.py 作为表示目录是 **Python 包的标识文件**。此文件的内容可为空。当有子目录（文件夹中进一步包含文件夹的情况）时，需在此文件中编写子目录设置。

导入包①（当 __init__.py 为空时）

实际导入一个包。假设创建了一个名为 pkg1 的包，然后在这个包中定义模块。

◉创建包

这次创建一个执行函数操作的目录 pkg1，并在其中创建 3 个文件。

在 VSCode 中，单击“资源管理器”中的“新建文件夹”按钮便可创建新目录。

· 创建新目录①

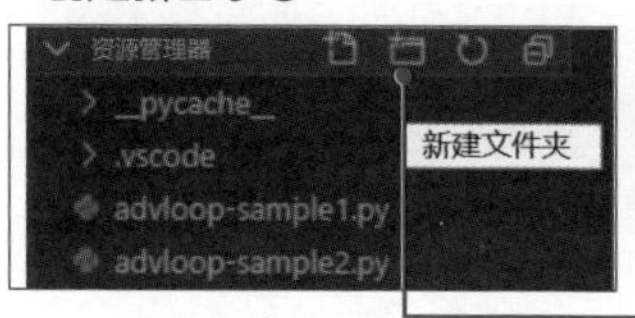

❶单击“新建文件夹”

单击后便进入了可输入目录名的状态。输入 pkg1 并按 Enter 键。

· 创建新目录②

❷输入目录名并按Enter键

在创建好的 pkg1 目录下配置包文件。单击 >pkg1 选择目录，并在目录下创建**名为 __init__.py** 的文件。由于只放置文件便可生效，因此无须编写文件内容。

接着，在同样的 pkg1 目录下创建以下文件并保存。

pkg_modules1.py

```
# pkg_modules1.py

def add_items(a,b):
    print(a+b)

def loop_func(loop):
    for i in range(1,loop+1):
        print(i,end=" ")
    print()
```

pkg_modules2.py

```
# pkg_modules2.py

def show_items(*datas):
    for data in datas:
        print(data,end=" ")
    print()
```

◉ 使用包内的模块①

现在介绍实际使用这些包的方法。作为最简单的示例，首先介绍直接导入并调用 pkg_modules1 及 pkg_modules2 的方法。编写以下代码，便可导入包内的模块。

· **导入包内的模块**

```
import 包名.模块名
```

如此，在调用导入的模块中的函数时，可编写以下程序。

· **调用包内模块中的函数**

```
包名.模块名.函数名(参数1, 参数2,…)
```

实际编写一个调用 pkg1 内 pkg_modules1 及 pkg_modules2 中的函数的例子。将以下程序置于与 pkg1 文件夹相同的目录下并运行。

示例6-12（module-示例3.py）

```
# 导入所有模块
import pkg1.pkg_modules1
import pkg1.pkg_modules2

# pkg_modules1中的函数操作
pkg1.pkg_modules1.add_items("hoge","fuga")
pkg1.pkg_modules1.loop_func(5)
# pkg_modules2中的函数操作
pkg1.pkg_modules2.show_items('a','b','c')
```

运行此程序后，结果如下。

• 运行结果

```
hogefuga
1 2 3 4 5
a b c
```

第 2 行及第 3 行中导入了包内的模块。通过编写 import pkg1.pkg_modules1，导入了 pkg1 中的模块 pkg_modules1。

同理，通过编写 import pkg1.pkg_modules2，导入了 pkg1 中的模块 pkg_modules2。

• 导入包内的模块

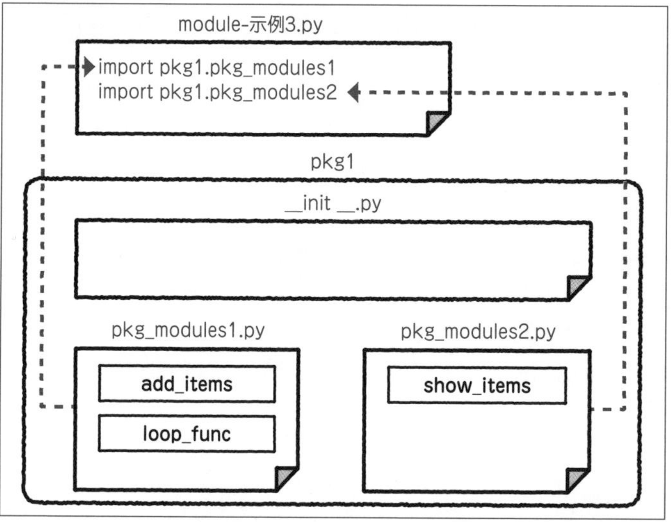

由于 add_items 函数和 loop_func 函数为模块 pkg_modules1 中的函数，因此使用“pkg1.pkg_modules1. 函数名”这一调用方法。同理，调用 pkg_modules2 中的函数时使用“pkg1.pkg_modules2. 函数名”这一调用方法。

• 在函数前添加“包名.模块名”

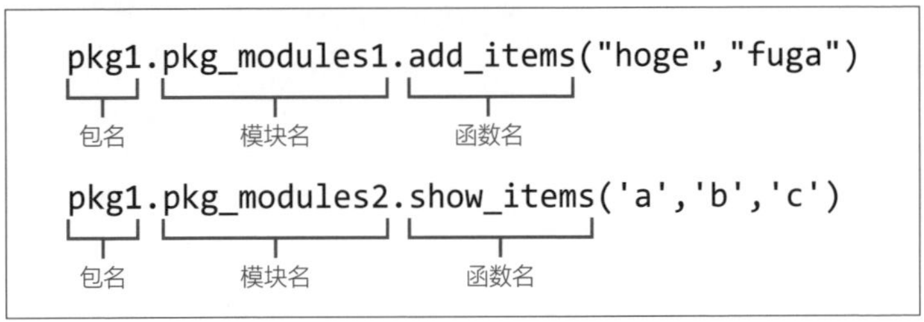

◉使用包内的模块②

由于上述方法在调用函数之前需要同时编写包名和函数名，所以有稍许不便。这里读者大概会想让调用方法更为简便。此时，使用以下方法便可省略函数的包名。

• 导入包内的模块

```
from (包名) import (模块名)
```

如此，在调用导入的模块中的函数时，可以像下面这样编写代码。

• 调用包内模块中的函数

```
模块名.函数名(参数1, 参数2,…)
```

下面示例就是用这种方法编写执行与示例 6-12 相同操作的代码。

示例6-13（module-示例4.py）

```
# 导入所有模块
from pkg1 import pkg_modules1
from pkg1 import pkg_modules2

# pkg_modules1中的函数操作
pkg_modules1.add_items("hoge","fuga")
pkg_modules1.loop_func(5)
# pkg_modules2中的函数操作
pkg_modules2.show_items('a','b','c')
```

运行结果与示例 6-12 相同，因此省略。

通过编写 from pkg1 import pkg_modules1 和 from pkg1 import pkg_modules2，导入 pkg1 中的模块 pkg_modules1 和 pkg_modules2。这一点与示例 6-12 相同。

· 导入包内的模块

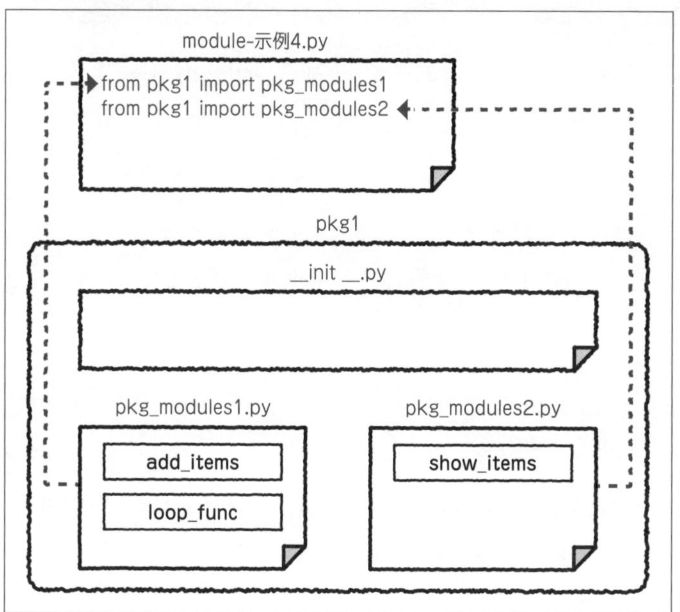

使用此方法时，无须在函数前添加包名 pkg1。因此，调用函数部分的写法相对简单。

· 函数前只需添加模块名

```
pkg_modules1.add_items("hoge","fuga")
```

模块名　函数名

```
pkg_modules2.show_items('a','b','c')
```

模块名　函数名

导入包②（当编写了 __init__.py 时）

接下来介绍 __init__.py 中有内容的例子。若在 __init__.py 中编写了代码，则 import 的写法可更加简单。

◉创建包

这次创建一个进行函数操作的目录 pkg2，并在其中创建 3 个文件。与创建 pkg1 时相同，在 VSCode 的“资源管理器”中创建目录 pkg2，并创建名为 __init__.py 的文件。在 __init__.py 中编写以下代码。

__init__.py

```
from . import pkg_modules1
from . import pkg_modules2
```

.（点）指当前目录。from . import pkg_modules1 表示导入当前目录中的模块 pkg_modules1。模块 pkg_modules2 同理。

复制之前创建的 pkg_modules1.py 和 pkg_modules2.py 并置于 pkg2 目录下。

◉使用包内的模块①

那么，实际编写一个导入包 pkg2 的例子。这里介绍只导入包便能使用所有模块的例子。将以下程序放置到与 pkg2 文件夹相同的目录下并运行。

示例6-14（module-示例5.py）

```
# 导入pkg2
import pkg2

# pkg_modules1中的操作
pkg2.pkg_modules1.add_items("hoge","fuga")
pkg2.pkg_modules1.loop_func(5)
# pkg_modules2中的操作
pkg2.pkg_modules2.show_items('a','b','c')
```

与 pkg1 不同的是，由于在 __init__.py 中编写了导入信息，因此使用 import pkg2 便可导入所有模块。

· 在__init__.py中编写了导入信息时

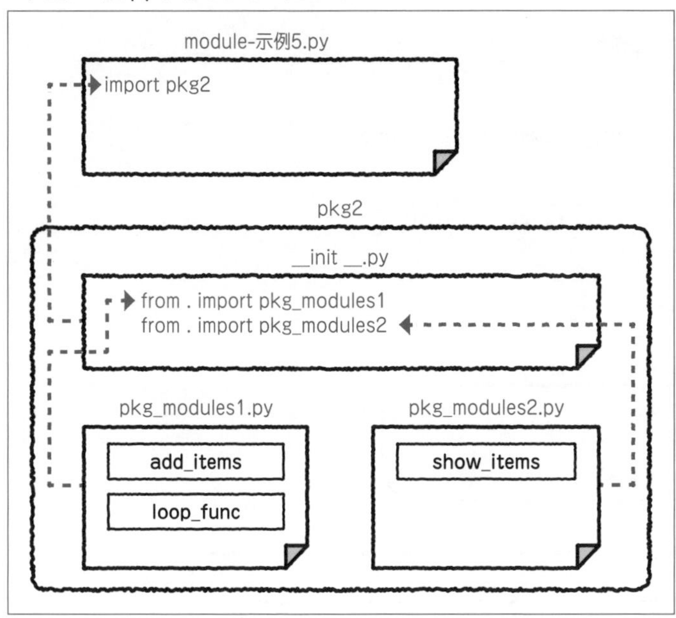

由上图可知，即使想要执行和 pkg1 相同的操作，也无须编写多条 import 语句，只编写包名即可。这样，import 的写法就相当简练了。

不过,在进行函数调用时需要使用“**包名 . 模块名 . 函数名**”这一调用方法。

· 函数的调用方法

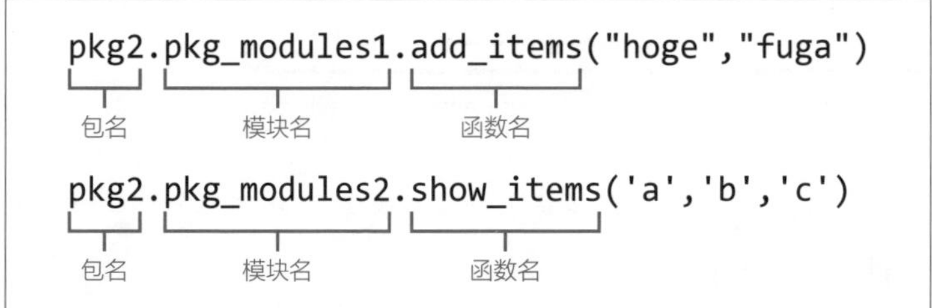

现在 import 语句已经简练多了，应该让函数调用也简单一点。接下来介绍可省略包名的方法。

◉使用包内的模块②

编写如下代码，便可省略 pkg2 调用函数。

示例6-15（module-示例6.py）

```
# 导入pkg2
from pkg2 import *

# pkg_modules1中的操作
pkg_modules1.add_items("hoge","fuga")
pkg_modules1.loop_func(5)
# pkg_modules2中的操作
pkg_modules2.show_items('a','b','c')
```

• 使用from pkg2 import *时

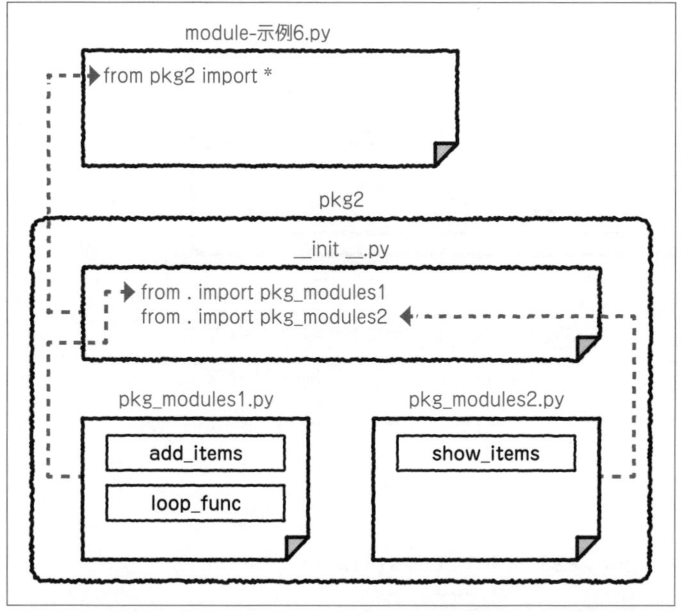

开头的 from pkg2 import * 中的 * 表示“所有模块”。也就是说，通过带上 * 号便可导入 pkg2 中的所有模块。

由此，可省略 pkg_modules1 及 pkg_modules2 之前的 pkg2.。

• 使用from pkg2 import *时的函数调用

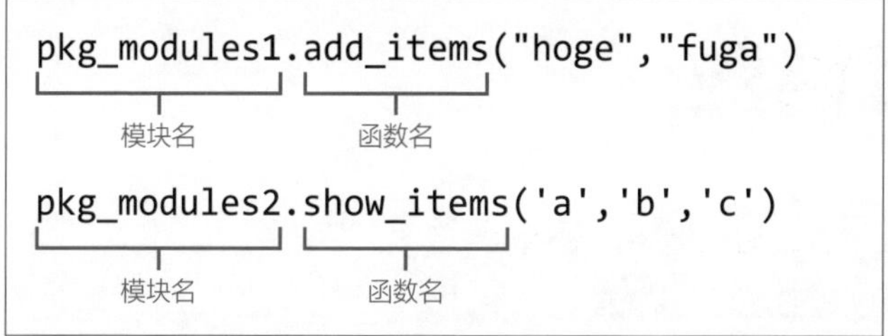

参考

若模块名太长，则输入代码时相当麻烦。此时，使用别名（alias）便可将其变为较短的名字。关于别名将在“第 7 天”中介绍，请读者参考相应内容。

3 调试函数

- 在 VSCode 中调试带函数的程序
- 掌握追踪函数操作的方法
- 学习当程序被分割为多个模块时的调试方法

3-1 使用单步调试与单步跳出

- 调试带函数的程序
- 用调试器追踪函数中的操作

调试被分为多个模块的程序

若程序中包含函数或模块，则程序会变得相当复杂。本节将具体介绍如何使用 VSCode 的调试器解析复杂的程序。

调试器的使用方法并不仅限于**追踪程序中的错误**，也可用于**追踪程序中较难理解的操作及解析代码**。此次介绍以这种方法为主的调试方法。

在解析程序流程时，也可使用调试器。

使用调试器解析程序流程

本节将实际使用调试器追踪程序的运行效果，同时讲解调试器的行为及界面上所显示的信息的含义。

1. 设置断点

使用在例题 6-2 中用到的 ex6-2.py 作为调试程序。在第 21 行设置断点。

· 设置断点

```
1  def min_2(x,y):
2      if x < y:
3          # 若x更小则返回值为x
4          r = x
5      else:
6          # 若y更小则返回值为y
7          r = y
8      return r
9  
10 def min_3(x,y,z):
11     # 将x和y中的最小值赋值给m
12     m = min_2(x,y)
13     # 将y和z中的最小值赋值给n
14     n = min_2(y,z)
15     return min_2(m,n)
16 
17 # 求a、b、c中的最小值
18 a = 1
19 b = 2
20 c = 3
21 min_mun = min_3(a,b,c)
22 print("a={} b={} c={}".format(a,b,c))
23 print("最小的数是{}。".format(min_mun))
```

单击第21行左侧

2. 运行程序

开始调试。从菜单栏选择**“运行”→“启动调试”命令**，或按 F5 键，便可开始调试。程序将中止于第 1 个断点处。

· 程序运行时

```
21 min_mun = min_3(a,b,c)
22 print("a={} b={} c={}".format(a,b,c))
23 print("最小的数是{}。".format(min_mun))
```

查看界面左上方的“变量”栏可知，变量 a、b、c 的值分别为 1、2、3。

· 变量值

```
∨ 变量
  ∨ Locals
    > special variables
    > function variables
      a: 1
      b: 2
      c: 3
```

3. 进入函数操作中

从现在开始要进入 min_3 函数。单击**“单步调试”**按钮或按 F11 键进入 min_3 函数。

· 通过单步调试进入min_3函数后的状态

```python
def min_3(x,y,z):
    # 将x和y中的最小值赋值给m
    m = min_2(x,y)
    # 将y和z中的最小值赋值给n
    n = min_2(y,z)
    return min_2(m,n)
```

查看界面左侧的“调用堆栈”栏可知，当前操作已进入了 min_3 函数。

· 进入min_3时的调用堆栈

查看“变量”栏可知，此函数中使用的参数为 x、y 和 z。

· 通过单步调试进入min_3函数后的状态

x、y、z 的值分别对应调用函数时的 a、b、c 的值。

4. 进一步进入更深的层级

min_3 函数中进一步调用了 min_2 函数。因此，再次单击“单步调试”按钮，可进一步进入 min_2。

· 进入min_2函数后的状态

```
def min_2(x,y):
    if x < y:
        # 若x更小则返回值为x
        r = x
    else:
        # 若y更小则返回值为y
        r = y
    return r
```

查看“调用堆栈”栏可知，min_2 函数是经过 min_3 函数被调用的。函数调用经常会经过多个函数的操作。

此时，查看调用堆栈便可以知道是经过怎样的路径而到达该函数操作的。

· 进入min_2函数时的调用堆栈

∨ 调用堆栈	因 STEP 已暂停	
min_2	ex6-2.py	2:1
min_3	ex6-2.py	12:1

5. 跳出函数

使用单步跳过可以追踪函数中的操作，而单击“**单步跳出**”按钮 可以从通过单步调试进入的函数中跳出。

单击“单步跳出”按钮后再次单击“单步跳出”按钮，可从跳出函数的位置继续调试程序。

· 通过单步跳出返回min_3函数

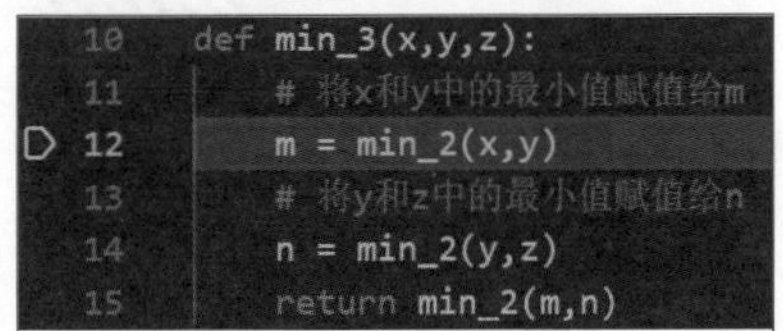

```
def min_3(x,y,z):
    # 将x和y中的最小值赋值给m
    m = min_2(x,y)
    # 将y和z中的最小值赋值给n
    n = min_2(y,z)
    return min_2(m,n)
```

由上图可知，使用单步调试与单步跳过便可追踪函数中的操作，同时还可追踪函数中调用的函数，并进一步通过调用堆栈了解调用函数的过程。

重要

在深入追踪特定函数的操作等时，可使用单步调试和单步跳出。

4 练习题

答案见第 288 ~ 291 页

问题 6-1 ★☆☆

编写程序，使用键盘输入 4 个数并输出它们的和。此时，创建并调用函数 add_four，该函数有 4 个整数参数，其返回值为这 4 个参数的和。

· 运行示例

```
第1个数:1  ←—— 使用键盘输入
第2个数:2  ←—— 使用键盘输入
第3个数:4  ←—— 使用键盘输入
第4个数:5  ←—— 使用键盘输入
1 + 2 + 4 + 5 = 12
```

问题 6-2 ★★☆

编写程序，让用户输入几个数，若未输入任何数并按 Enter 键，则求之前输入的数中的最大值、最小值与平均值并输出。此时，创建满足以下条件的函数并使用。

（1）avg_nums 函数：求作为参数的数值列表中的所有数的平均值。

（2）max_nums 函数：求作为参数的数值列表中的最大值。

（3）min_nums 函数：求作为参数的数值列表中的最小值 。

· 运行示例

```
输入数值:1 ← 使用键盘输入
输入数值:2 ← 使用键盘输入
输入数值:4 ← 使用键盘输入
输入数值:5 ← 使用键盘输入
输入数值: ← 不输入任何数字并按 Enter 键
最大值 : 5
最小值 : 1
平均值 : 3.0
```

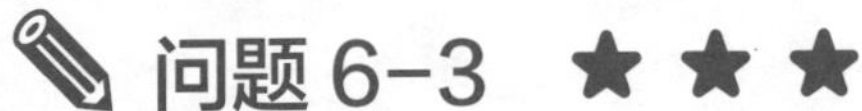

问题 6-3 ★★★

创建函数 sort_nums，当将多个整数以元组形式作为参数传递给该函数时，将其转换为按从大到小顺序排列的元组并返回。例如，当将（1,4,2,3,5）作为参数时，返回（5,4,3,2,1）。

· 运行示例 [将 (1,5,2,4,−2,7) 作为参数传递给函数时的运行结果]

```
(7, 5, 4, 2, 1, -2)
```

第7天

其他需要记住的知识点与总结

❶ 其他需要记住的知识点
❷ 制作简易扑克

1 其他需要记住的知识点

- 学习序列的概念与用法
- 学习库的用法
- 关于异常处理

1-1 序列

POINT

- 理解序列及其用法
- 理解切片的用法
- 接触容器、字符串等各种序列示例

序列是什么

现在来到了本书的最后一天。作为之前所学内容之外需要记住的知识点，我们最后学习以下 3 个知识点。

（1）序列。

（2）库的用法。

（3）异常处理。

讲解这些概念之后，将以之前学过的知识为基础，制作一个简单的游戏（扑克游戏）。

首先学习**序列**。序列是用于将多个连续数据按顺序排列后作为一个整体进行存储的数据类型。在 Python 中有以下几种序列。

- 列表（list）。
- 元组（tuple）。

- 不可变数字序列（range）。
- 字符串（string）。

这些都是已经学过的内容。同为序列，实际上它们有着相同的访问数据的方法。

切片

在序列中可使用的功能之一是名为**切片**的访问数据的方法。使用切片可从序列中提取或修改任意元素。

设置切片的语法格式如下，其中，s 指序列。

· **切片的设置方法**

```
s[起始索引: 终止索引: 步长]
```

起始索引、终止索引和步长是指序列中的索引，皆可省略，但不可同时省略。

可将起始索引、终止索引和步长设为负数。若设为负数，则意味着从序列的末尾开始给元素编号。

在看到这个语法格式时，聪明的人会注意到它与 **for 语句中用 range 设置数值变化的方法完全相同**。如果将序列视为具有与 range 函数相同的访问数据的方法，可更易于理解。

重要

序列都可以使用切片。

字符串切片

这里举一个简单字符串切片的例子。

示例7-1（slice-示例1.py）

```
# 字符串切片

str = "Hello Python"
# 输出原字符串
print(str)
# 字符串中从第0个到第4个字符
print(str[0:5])
```

```
# 字符串中从第6个到最后1个字符
print(str[6:])
# 每2个字符提取1个字符
print(str[::2])
# 将字符串反转
print(str[::-1])
```

运行此程序后，得到如下运行结果。

· 运行结果

```
str = Hello Python
str[0:5] = Hello
str[6:] = Python
str[::2] = HloPto
str[::-1] = nohtyP olleH
```

下面看一下每一步操作。

◉字符串的索引结构

当将字符串 Hello Python 赋值给变量 str 时，每个字符都会分配一个索引。由于全部共 12 个字符，因此从第 1 个字符开始，索引分别为 0、1、2、…、10、11。也可从字符串末尾往开头计算索引，此时索引为 -1、-2、…、-12。

· 整个str与索引的对应表

0	1	2	3	4	5	6	7	8	9	10	11
H	e	l	l	o		P	y	t	h	o	n
-12	-11	-10	-9	-8	-7	-6	-5	-4	-3	-2	-1

◉str[0:5]

若编写 **str[0:5]**，则取出从一开始的第 0 个字符到第 4 个字符之间的字符串。这里省略了最后的步长。省略步长时，其步长值默认为 1。通过其运行结果得到的字符串为 Hello。

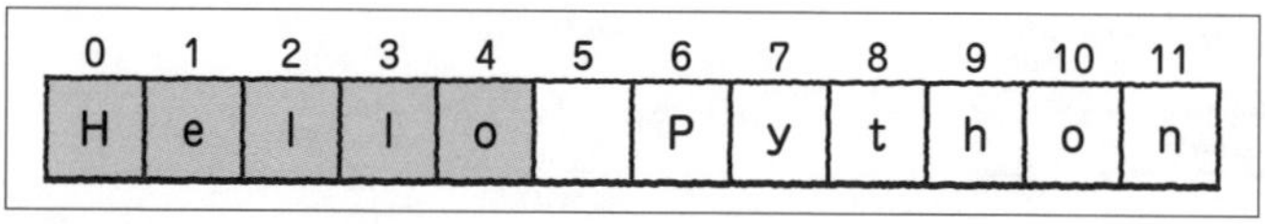

0 1 2 3 4 5 6 7 8 9 10 11
H e l l o P y t h o n

◉str[6:]

若编写 **str[6:]**，则切取第 6 个字符之后的字符串。这里省略了终止索引和步长。此时，终止字符为原字符串中的最后 1 个字符，步长为 1。通过其运行结果得到的字符串为 Python。

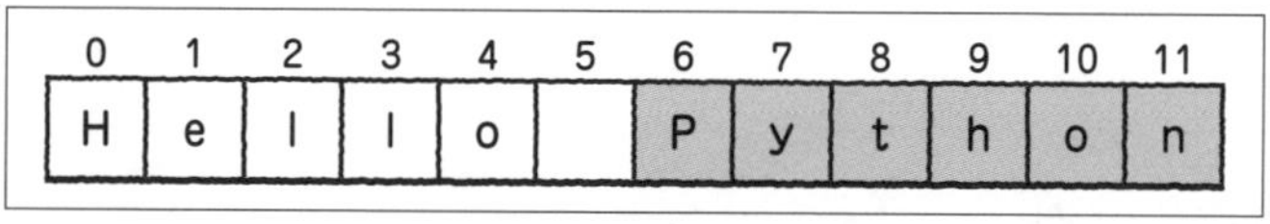

0 1 2 3 4 5 6 7 8 9 10 11
H e l l o P y t h o n

◉str[::2]

若编写 **str[::2]**，则由于省略了起始索引和终止索引，因此起始索引为 0，终止字符为最后 1 个字符。由于只设置了步长 2，因此从第 1 个字符开始到最后 1 个字符为止，每两个字符取 1 个。通过其运行结果得到的字符串为 HloPto。

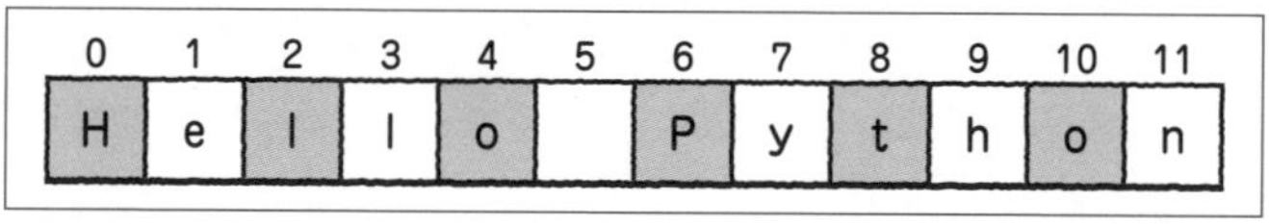

0 1 2 3 4 5 6 7 8 9 10 11
H e l l o P y t h o n

◉str[::−1]

若编写 **str[::−1]**，则由于步长为 -1，所以**方向发生了逆转**。由于省略了起始索引和终止索引，因此得到从第 1 个字符开始到最后 1 个字符为止的、方向相反的字符串。通过其运行结果得到的字符串为 nohtyP olleH。

0 1 2 3 4 5 6 7 8 9 10 11
H e l l o P y t h o n
-12 -11 -10 -9 -8 -7 -6 -5 -4 -3 -2 -1
从最后一个字符开始每次往前 1 步

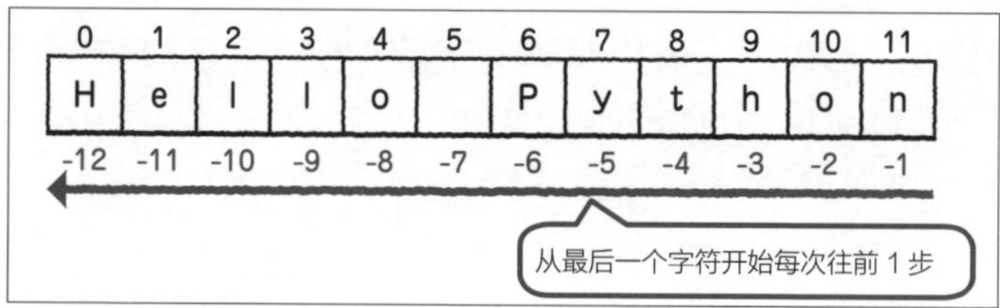

列表切片

现在将完全相同的操作应用于列表。下面示例展示用与示例 7-1 完全相同的方法对由数字 1~12 构成的列表进行切片的方法。

示例7-2（slice-示例2.py）

```
# 列表切片
l = [n for n in range(1,11+1)]
# 输出原列表
print("l={}".format(l))
# 从第0个到第4个元素
print("l[0:5]={}".format(l[0:5]))
# 从第6个到最后1个元素
print("l[6:]={}".format(l[6:]))
# 每2个元素
print("l[::2]={}".format(l[::2]))
# 将列表反转
print("l[::-1]={}".format(l[::-1]))
```

运行此程序后，得到如下运行结果。

· **运行结果**

```
l=[1, 2, 3, 4, 5, 6, 7, 8, 9, 10, 11]
l[0:5]=[1, 2, 3, 4, 5]
l[6:]=[7, 8, 9, 10, 11]
l[::2]=[1, 3, 5, 7, 9, 11]
l[::-1]=[11, 10, 9, 8, 7, 6, 5, 4, 3, 2, 1]
```

虽然所得内容从字符串变成了数值，但参考示例 7-1 的运行结果可知，这是用完全相同的方法对列表进行了切片。

◉ in 和 not in

在字符串比较中常用的 in 和 not in 也可适用于所有序列。下面的示例展示判断列表中是否包含某个特定元素。

示例7-3（in-not in-示例.py）

```
01 # in
02 mylist = ["A", "B", "C", "D", "E"]
03 # 确认mylist中是否包含B
04 print("B" in mylist)
05 # 确认mylist中是否包含G
06 print("G" in mylist)
07 # 确认mylist中是否不包含A
08 print("A" not in mylist)
09 # 确认mylist中是否不包含G
10 print("G" not in mylist)
```

- 运行结果

```
True
False
False
True
```

第 4 行和第 6 行用 in 确认 mylist 中是否包含 B 和 G，由于 mylist 中包含 B，因此第 4 行返回 True，又由于 mylist 中不包含 G，因此第 6 行返回 False。

相反，第 8 行和第 10 行用 not in 确认 mylist 中是否不包含 A 和 G，由于 mylist 中包含 A，因此第 8 行返回 False，又由于不包含 G，因此第 10 行返回 True。

1-2 灵活运用库

- 灵活运用 Python 中原有的库
- 用 itertools 模块优化多重循环
- 学习随机数模块 random 的用法

灵活运用库

“第 6 天”介绍了创建并导入模块或包的方法。而 Python 中原本就提供了方便的包，这些包称为库。本节将学习灵活运用库的方法，并介绍具有代表性的库及其使用示例。

库的用法和已经介绍过的模块或包的用法相同。在使用库之前须通过以下语法格式进行导入操作。

· 导入库的语法格式

```
import 库名
```

itertools

首先要介绍的是 itertools 模块。使用该模块可编写高效的循环结构。

1. 灵活运用 itertools

在 VSCode 中输入以下示例并运行。

· 示例7-4（lib-示例1.py）

```
import itertools
# 准备两个列表
list1 = [1, 2, 3]
list2 = ['X', 'Y', 'Z']
# 输出list1和list2的所有元素组合
for v in itertools.product(list1, list2):
    print(v)
```

首先用第 1 行中的 import itertools 导入 itertools 模块。然后使用 itertools 中的 product 函数，便可用元组取出多个列表中的元素的所有组合。示例 7-4 的运行结果如下。

· 运行结果

```
(1, 'X')
(1, 'Y')
(1, 'Z')
(2, 'X')
(2, 'Y')
(2, 'Z')
(3, 'X')
(3, 'Y')
(3, 'Z')
```

由运行结果可知，这是将 list1 和 list2 两个列表中的所有元素进行组合后的结果。

2. 提高多重循环的效率

使用 product 函数可用一条 for 语句编写多重循环。在“第 4 天”中已学习过生成九九乘法表的方法，但需要用 while 语句或 for 语句构建二重循环。但是，使用 product 函数的话，只用一条 for 语句即可构建多重循环。

示例7-5（lib-示例2.py）

```
import itertools

# 生成九九乘法表
for n1,n2 in itertools.product(range(1,10), range(1,10)):
    print("{}×{}={:2} ".format(n1,n2,n1*n2),end="")
    # 若n2为9则换行
    if(n2 == 9):
        print()
```

这里用 product 组合 1~9 的整数区间 range(1,10)，并生成九九乘法表中的所有数字组合。此次通过设置 n1 和 n2 两个变量，将数字组合赋值给两个变量 n1 和 n2 而非一个元组。

运行程序后，结果如下。

· 运行结果

```
1×1= 1 1×2= 2 1×3= 3 1×4= 4 1×5= 5 1×6= 6 1×7= 7 1×8= 8 1×9= 9
2×1= 2 2×2= 4 2×3= 6 2×4= 8 2×5=10 2×6=12 2×7=14 2×8=16 2×9=18
3×1= 3 3×2= 6 3×3= 9 3×4=12 3×5=15 3×6=18 3×7=21 3×8=24 3×9=27
4×1= 4 4×2= 8 4×3=12 4×4=16 4×5=20 4×6=24 4×7=28 4×8=32 4×9=36
5×1= 5 5×2=10 5×3=15 5×4=20 5×5=25 5×6=30 5×7=35 5×8=40 5×9=45
6×1= 6 6×2=12 6×3=18 6×4=24 6×5=30 6×6=36 6×7=42 6×8=48 6×9=54
7×1= 7 7×2=14 7×3=21 7×4=28 7×5=35 7×6=42 7×7=49 7×8=56 7×9=63
8×1= 8 8×2=16 8×3=24 8×4=32 8×5=40 8×6=48 8×7=56 8×8=64 8×9=72
9×1= 9 9×2=18 9×3=27 9×4=36 9×5=45 9×6=54 9×7=63 9×8=72 9×9=81
```

为了方便阅读，在第 7 行和第 8 行中实现了当 n2 为 9 时换行的操作。

重要

在 Python 中构建多重循环时，相比于 for 和 while 的嵌套，用 itertools 将其优化为单一循环更加方便。

随机数

随机数是指无规律且不可预测的数，就像摇骰子时出现的数字。Python 中与随机数相关的函数包含在 random 模块中。

◉random函数

首先介绍最简单的函数——random 函数。random 函数可生成 0.0~1.0 之间的随机小数。

以下示例演示了使用 for 循环生成 10 个随机数。

示例7-6（lib-示例3.py）

```
import random

# 生成10个0.0~1.0之间的随机数
for i in range(10):
    # 输出随机数
    print(random.random())
```

由运行结果可知，运行后将输出 10 个随机数。试着多次运行程序，每次将输出不同的数。

・运行结果

```
0.9289637139819377
0.3630819071869281
0.747665465611997
0.5316382181538785
0.12386277516295296
0.08323403263931772
0.48969956487560906
0.44094978856926303
0.9109495739887241
0.4050783641755943
```

◉randint函数

random 模块中有多个函数，其中使用频率较高的函数之一就是 **randint 函数**。此函数可生成指定范围内的随机数。

・randint函数的语法格式

```
random.randint(最小值,最大值)
```

作为试验，编写一个生成 1~6 之间的随机数的例子。

示例7-7（lib-示例4.py）

```
import random

# 生成10个1~6之间的随机数
for i in range(10):
    # 输出随机数
    print(random.randint(1,6),end=" ")
print()
```

・运行结果

```
6 4 2 4 5 1 2 2 5 1
```

◉shuffle函数

在 random 模块中，不仅有生成随机数的函数，还有随机打乱列表中的元素顺序的 **shuffle 函数**。使用此方法可以像洗扑克牌一样随机打乱列表中元素的顺序。

示例7-8（lib-示例5.py）

```
import random

# 生成由1~10构成的列表
l = [n for n in range(1,11)]
print("将元素打乱前的列表{}".format(l))

# 打乱列表中的元素并输出
random.shuffle(l)
print("将元素打乱后的列表{}".format(l))
```

· **运行结果**

```
将元素打乱前的列表[1, 2, 3, 4, 5, 6, 7, 8, 9, 10]
将元素打乱后的列表[4, 5, 3, 6, 7, 2, 1, 9, 10, 8]
```

由运行结果可知，用 shuffle 函数打乱了用推导式生成的由 1~10 构成的列表中的元素顺序。每次运行程序时，输出列表中元素的顺序都不一样。

1-3 pip 与第三方库

POINT

- 理解 pip 命令的概要
- 学习用 pip 安装库的方法
- 使用知名的第三方库

灵活使用第三方库

Python 库大致可分为两类：由 Python 正式发布的库和由第三方发布的库。上一节中介绍了用 import 导入库及使用库的方法。但使用由第三方创建的库时，在用 import 导入前需要先安装相应的库。

Python 的第三方库发布于 Python 官网 PyPI。

· PyPI

使用发布于该网站的库时，无须特意从网站上下载。可用附属于 Python 的 pip 命令进行安装。

参考

也可将自己开发的包上传并发布到 PyPI 上。

pip 命令

在 Python 上安装第三方库时使用的是 **pip 命令**。pip 为 Pip Installs Packages 或 Pip Installs Python 的缩写，是用于安装、管理由 Python 编写的软件包的包管理系统。

此命令需在 OS Shell（若在 Windows 系统则为命令提示符或 PowerShell，在 macOS 或 Linux 中为终端等）上而非 Python Shell 中运行。

使用方法如下。

· pip的语法格式

```
pip (选项) (库名)
```

可以看出，通过在 pip 命令后添加选项，可进行各种操作。

◉查看pip的版本

在 VSCode 中，可直接在下方的终端中运行 pip 命令。

· 在VSCode的终端中运行pip命令

首先运行最简单的查看版本命令。

· 查看pip的版本

```
pip -V
```

通过在 pip 命令后添加 -V，可查看当前使用的 pip 的版本（注意：pip 后应加一个空格，再添加“-V”）。

其中 V 为大写字母，切记不要写错。

· 运行结果

```
pip 21.2.4 from c:\users\****\appdata\local\programs\python\
python39\lib\site-packages\pip (python 3.9)
```

◉查看已安装的包

接下来查看已安装的包。在 VSCode 中输入下面这样的包命令并运行。

· 用pip查看已安装的包

```
python -m pip freeze
```

· 运行结果

```
astroid==2.3.2
colorama==0.4.1
isort==4.3.21
lazy-object-proxy==1.4.3
mccabe==0.6.1
pylint==2.4.3
six==1.12.0
typed-ast==1.4.0
wrapt==1.11.2
```

可以看出，结果以“**包名 == 版本号**”的形式输出。

◉安装库

终于要用 pip 安装库了。这次安装 NumPy 库。NumPy 是与数学相关的库，之后将介绍具体用法。

用 pip 安装包的方法如下。

· 安装包

```
pip install (包名)
```

那么试着实际安装 NumPy。

· 安装NumPy

```
pip install numpy
```

· 运行结果

```
Collecting numpy
  Downloading numpy-1.21.5-cp39-cp39-win_amd64.whl (14.0 MB)
     |████████████████████████████████| 14.0 MB 726 kB/s
Installing collected packages: numpy
Successfully installed numpy-1.21.5
```

安装完成后再次运行“pip freeze”，即可确认已安装了 NumPy。

· 确认已安装NumPy

```
PS C:\Users\        \Desktop\Working\Python Study\Python> pip freeze
numpy==1.21.5
```

◉卸载库

接下来介绍卸载库的方法。

· 卸载包

```
pip uninstall (包名)
```

卸载 NumPy 的操作如下。

· 卸载NumPy

```
pip uninstall numpy
```

运行此命令后开始卸载 NumPy。过程中会询问 Proceed(y/n)?，此时输入 y 并按 Enter 键便可进行卸载。

· 运行结果

```
Found existing installation: numpy 1.21.5
Uninstalling numpy-1.21.5:
  Would remove:
    c:\users\     \appdata\local\programs\python\python39\lib\site-packages\numpy-1.21.5.dist-info\*
    c:\users\     \appdata\local\programs\python\python39\lib\site-packages\numpy\*
    c:\users\     \appdata\local\programs\python\python39\scripts\f2py.exe
Proceed (Y/n)? y
  Successfully uninstalled numpy-1.21.5
```

如果像 pip uninstall -y numpy 这样添加 -y 选项，即可在卸载时不再出现询问信息。

◉安装指定版本的包

由于兼容性等问题，有时需要特定的老版本而非最新版本的包。此时，须在安装时指定版本号。例如，输入以下命令便可安装 NumPy 的 1.14.2 版本。

· 安装NumPy的1.14.2版本

```
pip install 'numpy==1.14.2'
```

◉更新包

最后介绍更新包的方法。通过更新可将包升级到最新版本。语法格式如下。

· 更新包

```
pip install --upgrade [包名]
```

使用此命令更新 NumPy。

· 更新NumPy

```
pip install --upgrade numpy
```

运行后将显示以下信息，NumPy 将被更新到最新版本。

· 运行结果

```
Collecting numpy
  Using cached numpy-1.21.5-cp39-cp39-win_amd64.whl (14.0 MB)
Installing collected packages: numpy
  Attempting uninstall: numpy
    Found existing installation: numpy 1.21.4
    Uninstalling numpy-1.21.4:
      Successfully uninstalled numpy-1.21.4
Successfully installed numpy-1.21.5
WARNING: You are using pip version 21.2.4; however, version 21.3.1 is available.
You should consider upgrading via the 'C:\Users\     \AppData\Local\Programs\Python\Python39\python.e
xe -m pip install --upgrade pip' command.
```

然而，这里还显示了 You are using pip version 21.2.4; however, version 21.3.1 is available. 这一信息。这是告诉我们当前使用的 pip 版本并非最新版本，而现在可下载最新版本的信息。

实际上也可用与更新 NumPy 相同的方法更新 pip。运行以下命令，pip 将更新到最新版本。

· 更新pip

```
pip install --upgrade pip
```

运行后再次输入 pip -V，便可确认 pip 版本已更新。

注意

若 pip 版本较老，有时无法顺利安装包。因此，在使用 pip 时，须事先将其更新到最新版本。

NumPy 的示例

好不容易安装了 NumPy，现在实际使用一下。如前所述，NumPy 是与数学相关的库。虽然不是 Python 的标准库，但由于其使用频率较高，所以被视为准标准库。这里介绍几个简单的示例和 NumPy 的用法。

◉向量运算

首先介绍向量运算。在 VSCode 中输入以下示例并运行。

示例7-9（numpy-示例1.py）

```
01 import numpy as np
02 
03 # 三维向量vec1、vec2
04 vec1 = np.array([1.0,2.0,3.0])
05 vec2 = np.array([4.0,5.0,6.0])
06 # 输出向量
07 print("vec1={} vec2={}".format(vec1,vec2))
08 print("v1 + v2 = {}".format(vec1 + vec2))
09 print("v1 - v2 = {}".format(vec1 - vec2))
10 print("2.0 * v1 = {}".format(2.0 * vec1))
```

· 运行结果

```
vec1=[1. 2. 3.] vec2=[4. 5. 6.]
v1 + v2 = [5. 7. 9.]
v1 - v2 = [-3. -3. -3.]
2.0 * v1 = [2. 4. 6.]
```

第 1 行中进行 import numpy as np 这一操作。这是在安装 NumPy 的同时，设置可用 np 指代其库名。

若只编写 import numpy，则在使用 NumPy 的函数时需编写“numpy. 函数名”，在多次调用函数时代码将会很长。因此，通过在其后添加 as np，便可用代码“**np. 函数名**”调用 NumPy 中的函数。

像这样添加 as 以简写名称的方法称为**别名**，习惯上将 NumPy 更名为 np。

使用 np.array 可表示向量或矩阵的组成成分。Python 中可用列表定义向量。

此示例中定义了两个三维向量 vec1 和 vec2，并对它们执行加法运算、减法运算和标量乘法操作。

综上所述，使用 NumPy 可简单地进行向量或矩阵的运算。

◉三角函数

接下来介绍使用三角函数的例子。

示例7-10（numpy-示例2.py）

```
01 import numpy as np
02 
03 # 将角度设为30°
04 angle = 30
05 # 将角度转换为弧度
06 rad = np.radians(angle)
07 
08 print("cos{}°={}".format(angle,np.cos(rad)))
09 print("sin{}°={}".format(angle,np.sin(rad)))
10 print("tan{}°={}".format(angle,np.tan(rad)))
```

· **运行结果**

```
cos30°=0.8660254037844387
sin30°=0.49999999999999994
tan30°=0.5773502691896257
```

余弦、正弦和正切分别为 np.cos、np.sin、np.tan。不过，由于必须以弧度为角度单位，所以此示例中将角度转换为弧度。

转换时使用的是第 6 行中的 np.radians 函数。使用此函数可将角度转换为弧度。

Python 中原有用于计算的 math 库，也可用 math 库进行三角函数计算。但由于 NumPy 是非常强大的库，所以在进行数值计算时也常用 NumPy。

◉乘方与平方根

最后介绍乘方与平方根的计算。

示例7-11（numpy-示例3.py）

```
import numpy as np

# 2的5次方
res1 = np.power(2,5)
```

```
print("2的5次方={}".format(res1))
# 2的平方根
res2 = np.sqrt(2)
print("2的平方根={}".format(res2))
```

乘方计算使用 np.power 函数。用 np.power(m,n) 可得到 m 的 n 次方。而用 np.sqrt 函数可求平方根。

- 运行结果

```
2的5次方 = 32
2的平方根 = 1.4142135623730951
```

除此之外，NumPy 还有各种用法。读者根据需要查找并使用即可。

- 理解异常处理的概念
- 学习异常处理的写法

异常处理

异常处理即当发生异常时的应对处理。通常在发生异常时，会出现提示信息且程序将非正常终止。但若编写了异常处理，则即使在异常发生时，程序也能进行适当的应对处理，可不产生错误地继续运行程序。

异常处理的语法格式如下。

· 异常处理的语法格式

```
try:
  操作
except 异常类型:
  异常处理
```

通过 try~except 中的操作，当发生 except 中编写的异常时将进行异常处理。下面介绍几个异常处理的例子。

◉除零异常

若进行除数为 0 的除法运算，将会发生 ZeroDivisionError 这一异常。下面示例展示了在这个异常发生时的异常处理。

示例7-12（exception-示例1.py）

```
for i in range(0,3):
    try:
        a = 10
        b = a / i
        print("{} ÷ {} = {}".format(a,i,b))
    except ZeroDivisionError:
        # 进行除数为0的除法运算时的异常
        print("无法进行除数为0的除法运算")
```

在示例 7-12 中，用 for 语句将 i 从 0 变到 2，然后用 10 除以 i。一开始由于 i 为 0，因此发生 ZeroDivisionError 异常。通常程序会在这里非正常终止。但由于编写了异常处理，因此输出“无法进行除数为 0 的除法运算”并继续运行程序，直到程序的最后为止。

· 运行结果

```
无法进行除数为0的除法运算
10 ÷ 1 = 10.0
10 ÷ 2 = 5.0
```


◉类型转换错误

接着介绍类型转换错误的例子。例如，在用 int 函数将字符串转换为整数时，若有无法转换为整数的值，则发生 ValueError 这一异常。

示例7-13（exception-示例2.py）

```
l = ["123" , "abc" , "-12"]

for value in l:
    try:
        # 将从列表中取出的值转换为整数并输出
        num = int(value)
        print(num)
    except ValueError:
        # 值转换失败
        print("{}无法被转换为整数".format(value))
```

· 运行结果

```
123
abc无法被转换为整数
-12
```

列表 l 中存储了 3 个值，其中 123 和 -12 可用 int 函数转换为整数，只有 abc 无法被转换为整数，因此会发生 ValueError 异常。这里由于编写了异常处理，所以输出“abc 无法被转换为整数”后继续运行程序。

◎应对多个异常

有时，一个操作中可能发生的异常不止一种。此时，通过编写多个except，便可分别编写应对可能发生的各种异常的异常处理。

示例7-14（exception-示例3.py）

```
l = ["123" , "abc" , "4" ,"0"]

for value in l:
    try:
        # 将从列表中取出的值转换为整数并输出
        num = int(value)
        # 用取出的数除10
        print("10 ÷ {} = {}".format(num,10 // num))
    except ZeroDivisionError:
        print("无法进行除数为0的除法运算")
    except ValueError:
        # 值转换失败
        print("{}无法被转换为整数".format(value))
```

· 运行结果

```
10 ÷ 123 = 0
abc无法被转换为整数
10 ÷ 4 = 2
无法进行除数为0的除法运算
```

2 制作简易扑克

- 挑战游戏程序以作为对此前知识的总结
- 通过简易扑克游戏复习之前的学习内容
- 通过改良程序增强实力

2-1 简易扑克的概要

POINT

- 理解整个程序的流程
- 学习在之前的学习中未出现的新内容

编写长程序

至此，我们学习的主要内容为 Python 的语法基础及简单的使用方法，但仅是这些未免无趣。因此，作为之前学习内容的集大成者，最后制作一个**简易扑克游戏**。

因为只用文本输出结果，与平时用智能手机或游戏机享受的游戏相比，这个游戏可能会显得朴素又简单。但若能复习之前的学习内容，同时理解这个程序的内容并按照自己的方式进行修改或调整，将会给予读者比玩别人制作的游戏更大的愉悦。

在 VSCode 中输入程序并运行。虽然要完全理解其内容比较困难，但希望读者仔细将以下内容与源代码融会贯通，并以此为基础，按照自己的方式对程序进行调整，从而提高真正的编程实力！

游戏规则

首先介绍游戏规则。这是一个用于单人玩的扑克游戏。开始游戏后，从事先打乱的扑克牌堆中分出 5 张作为玩家的手牌。

玩家可从中进行最多 3 次换牌。若最后留下的牌能凑成指定的牌型，则根据牌型获得分数并结束游戏。

全体流程如下。

1. 获得初始的5张手牌

开始游戏后，输出初始的 5 张手牌。手牌上分配编号 1~5。

· 运行扑克游戏时的界面

```
第1次换牌
   1    2    3    4    5
[♠ 3][♣ J][♠ Q][♦ K][♠ A]
选择卡牌:(1-5) 选择完成(0) 结束换牌(e):
```

输出手牌后，程序处于等待输入的状态。可输入的选项有“选择卡牌 :(1-5)”“选择完成 (0)”和“结束换牌 (e)”。除此之外的输入内容将被忽略。

2. 选择想要替换的手牌

输入编号 1~5 并按 Enter 键后，相应的编号前会带上 * 号。这表示该手牌被选为需要丢弃的牌。而再次输入带 * 号的编号后，* 号将消失，该手牌不再被选中。

· 选中一张手牌时的状态

```
第1次换牌
  *1    2    3    4    5
[♠ 3][♣ J][♠ Q][♦ K][♠ A]
选择卡牌:(1-5) 选择完成(0) 结束换牌(e):
```

可选择多张需要丢弃的牌。

· 选中多张手牌时的状态

```
第1次换牌
   1    2    3   *4   *5
[♠ 3][♣ J][♠ Q][♦ K][♠ A]
选择卡牌:(1-5) 选择完成(0) 结束换牌(e):
```

可多次选择手牌或取消选择。为了组成哪怕是稍好一点的牌型，玩家须慎重选择替换哪些手牌。

3. 替换手牌与结束游戏

选好需要替换的手牌后，输入 0 则进入下一次换牌。之前选中的手牌将被丢弃。作为替换，丢掉了几张牌，便从牌堆补充几张新的手牌。

可进行 3 次同样的操作。若玩家在此过程中凑成了某种牌型，则输入 e 便可结束游戏。

· 进入第2次换牌时的状态

```
第2次换牌
   1    2    3    4    5
[♠ 3][♥ 3][♣ 5][♣ J][♠ Q]
选择卡牌:(1-5) 选择完成(0) 结束换牌(e):
```

和第 1 次换牌时一样，选择需要替换的手牌。除非中途结束游戏，否则此操作可连续进行 3 次。

4. 结束游戏

进行 3 次手牌替换，或中途输入 e 则游戏结束。根据留下的手牌输出牌型名称与得分。

· 游戏结束

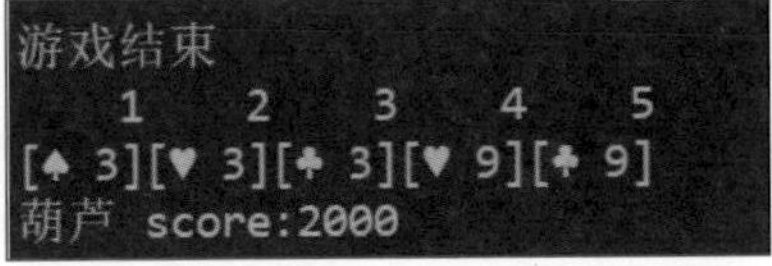

按照分数从高到低的顺序，牌型及其构成如下。

· 扑克牌的牌型与分数[1]（按分数从高到低的顺序）

牌型名称	简介
皇家同花顺	所有手牌同花色且手牌数字为10、J、Q、K、A
同花顺	所有手牌同花色且为连续数字
四条	集齐4张同数字的牌
葫芦	集齐3张同数字的牌，且其余2张牌为对子
同花	集齐5张同花色牌
顺子	不论花色，5张牌为连续数字
三条	集齐3张同数字的牌
两对	有两对由两张相同数字组成的对子
一对	集齐两张同数字的牌

牌型名称及简介可参考任天堂官网。

之前未讲解的 Python 函数与规则

简易扑克中使用了几个在前面没有讲解过的函数与规则，因此先对其进行讲解。

◉ 清空界面

在简易扑克中，每次执行某些操作时会清空界面。这是由以下函数操作实现的。

```
os.system('cls')
```

这是使用了 OS 的界面清空功能。使用此函数需导入 os 模块，所以需要在程序开头编写：

```
import os
```

1　译注：此游戏中的牌型名称与得分高低顺序源于德州扑克。

◉ 主体操作

在 Python 中运行像这个游戏程序一样的长脚本文件时，在主体操作之前，需编写如下代码。

```
if __name__ == "__main__":
```

这里省略详细说明。读者可将其理解为这是类似于“咒语”的固定语法，表示“从这里开始编写程序的主体操作部分”。

虽然没有这一句代码也能运行程序，但通过加入这一句代码，可达到提高程序可读性的效果。

2-2 阅读简易扑克的源码

- 理解一个程序是如何构成的
- 把握整个程序的流程
- 理解各个函数的含义

示例程序的整体视图

这里将示例程序分为几个部分进行介绍。若自己实际在 VSCode 中输入程序，则可掌握更多知识，但由于程序相当长，因此直接下载示例文件也可以。

执行基本的卡牌操作的函数

首先定义的是执行基本的卡牌操作的函数。由于需要使用 4 种函数，所以分别介绍各个函数的含义与用法。

poker_game.py（1~32行）

```
import random
import itertools
import os

# 从牌堆获取指定张数的牌
def take(cards,num):
    # 获取num张手牌
    hand = cards[:num]
    # 将num张之后的牌作为剩余的牌
    cards = cards[num:]
    return hand,cards

# 获取牌的花色
def get_kind(index):
    kind = ["♠" ,"♥", "♣", "♦"]
    return kind[index - 1]

# 获取点数
```

```
def get_num(index):
    nums = ["2","3","4","5","6","7","8","9","10","J","Q","K","A"]
    return nums[index - 1]

# 按从小到大的顺序排列手牌
def sort_card(hand):
    for i in range(0,4):
        for j in range(i+1,5):
            if hand[i]["num"] > hand[j]["num"]:
                tmp = hand[j]
                hand[j] = hand[i]
                hand[i] = tmp
    return hand

```


1. take函数

操作概要	从牌堆中取出指定张数的牌
参数	cards（扑克牌牌堆）、num（需要取出的牌的数量）
返回值	hand（取出的牌）、cards（剩下的牌）

从牌堆（cards）中取出 num 张牌。从牌堆中移除取出的牌。获得取出的牌与剩下的牌作为返回值。

2. get_kind函数

操作概要	由花色索引（0~3）返回扑克牌的花色（黑桃、红桃、梅花、方块）
参数	index（卡牌花色的编号）
返回值	卡牌花色（字符串）

3. get_num函数

操作概要	由点数索引（0~13）返回扑克牌的点数符号
参数	index（卡牌点数的编号）
返回值	卡牌的点数符号（字符串）

点数按从小到大的顺序分别为2、3、4、…、10、J、Q、K、A。这是按照扑克牌的大小顺序排列的，和数字的实际含义不同。请读者注意。

4. sort_card函数

操作概要	为了让玩家看牌更方便，将手牌按从小到大的顺序排列
参数	hand（排序前的手牌）
返回值	排序后的手牌

执行扑克牌基本操作的函数

以下是执行扑克牌基本操作的函数，一口气执行从分配初始的5张手牌开始，到替换手牌为止的操作。其中使用了1～4中介绍的函数。

poker_game.py（33～89行）

```
# 游戏初始化
def init():
    # 生成扑克牌牌堆
    cards = [{"kind":kind,"num":num} for kind,num in itertools.product(range(1,4+1),range(1,13+1))]
    # 打乱牌堆
    random.shuffle(cards)
    return take(cards,5)

# 输出手牌
def show_hand(hand,selects):
    for i in range(1,5+1):
        num_string = str(i)
        if i in selects:
            num_string = "*"+num_string
        print("{:>5}  ".format(num_string),end="")
    print()
    for card in hand:
        card_kind = get_kind(card["kind"])
        card_number = get_num(card["num"])
        print("[{}{:>2}] ".format(card_kind,card_number),end="")
    print()

# 从手牌中移除选中的牌
```

```
def remove_card(hand,selects):
    remove_cards = []
    # 选出用户选中的牌
    for n in selects:
        remove_cards.append(hand[n-1])
    # 从手牌中移除选中的牌
    for card in remove_cards:
        hand.remove(card)
    return hand

# 输入操作
def input_data():
    s = input("选择卡牌:(1-5) 选择完成(0) 结束换牌(e):")
    if s == "e":
        return -1
    try:
        num = int(s)
    except ValueError:
        return -2
    if num >= 0 and num <= 5:
        return num
    else:
        return -2


# 选择手牌
def select_card(selects,num):
    if num in selects:
        # 解除被选中的手牌的选中状态
        selects.remove(num)
    else:
        # 若是未选中的手牌,则将其变为选中状态
        selects.add(num)

```

5. init函数

操作概要	游戏初始化
参数	无
返回值	排序后的手牌（hand）、剩余牌堆（cards）

打乱扑克牌后，用 take 函数将牌堆中的前 5 张牌作为手牌（hand）。返回值为手牌与剩余的牌。

6. show_hand函数

操作概要	输出手牌
参数	手牌（hand）、被选中的牌的编号（selects）
返回值	排序后的手牌（hand）、剩余牌堆（cards）

用 get_kind 函数及 get_num 函数将 hand 中的花色与点数索引转换为字符串并输出。

7. remove_card函数

操作概要	从手牌中移除被选中的牌
参数	手牌（hand）、被选中的牌的编号（selects）
返回值	剩余手牌（hand）

从列表 hand 中删除集合 selects 中保存的编号所对应的手牌。

8. input_data函数

操作概要	接受用户的键盘输入
参数	无
返回值	整数

若用户输入 0~5 则返回该值，若输入 e 则返回 -1，若输入无效值则返回 -2。

9. select_card函数

操作概要	选择手牌
参数	被选中的手牌的索引集合（selects）、选中的牌的数量（num）
返回值	无

将选中的牌的数量添加到玩家的手牌列表中。

执行游戏主体操作的函数

接着进行游戏的主体操作。

poker_game.py（90～120行）

```
90  # 游戏主体操作
91  def game_main(turn,hand,cards):
92      # 要舍弃的候选牌
93      selects = set()
94      # 选择要舍弃的牌
95      while True:
96          os.system('cls')
97          print("第{}次换牌".format(turn))
98          show_hand(hand,selects)
99          n = input_data()
100         if n >= 1 and n <= 5:
101             select_card(selects,n)
102         elif n == 0 or n == -1:
103             break
104         else:
105             continue
106     # 获取要替换的牌的张数
107     change_nums = len(selects)
108     print("change_nums:{}".format(change_nums))
109     # 删除手牌
110     remove_card(hand,selects)
111     # 添加手牌
112     hand_add,cards = take(cards,change_nums)
113     hand = hand + hand_add
114     # 排列手牌
115     hand = sort_card(hand)
116     end_flag = False
117     if n == -1:
118         end_flag = True
119     return hand,cards,end_flag
120
```

10. game_main函数

操作概要	游戏的主体操作
参数	轮次（turn）、手牌（hand）、剩余牌堆（cards）
返回值	手牌（hand）、剩余牌堆（cards）、游戏结束标志（end_flag）

这是游戏的主体操作。输出轮次与手牌内容，并接受用户输入。根据输入的内容进行手牌替换，最后进行排序。

判断牌型时需要的函数

接着定义判断“两对”“三条”等扑克牌型时必需的函数。以下定义的函数中将进行实际的牌型判断。

poker_game.py（121～164行）

```
# 判断是否为同花
def judge_flush(hand):
    for i in range(4):
        if hand[i]["kind"] != hand[i+1]["kind"]:
            return False
    return True

# 判断是否为顺子
def judge_straight(hand):
    for i in range(4):
        if hand[i]["num"]+1 != hand[i+1]["num"]:
            return False
    return True

# 获得卡牌点数
def get_only_numbers(hand):
    numbers = []
    # 从卡牌中只取出点数
    for card in hand:
        numbers.append(card["num"])
    return numbers

# 判断手牌中是否有点数重复指定次数
def judge_same_card(hand,same_nums):
    numbers = get_only_numbers(hand)
    # 对手牌进行判断
    for n in numbers:
        # 计算各点数的重复次数
        if numbers.count(n) == same_nums:
            return True
    return False

```

```
# 计算手牌中的对子数
def get_pair_count(hand):
    numbers = get_only_numbers(hand)
    count = 0
    # 对手牌进行判断
    for n in numbers:
        # 计算各点数的重复次数
         if numbers.count(n) == 2:
             count = count + 1
    count //= 2
    return count

```

11. judge_flush函数

操作概要	判断手牌是否为同花
参数	手牌（hand）
返回值	True/False

12. judge_straight函数

操作概要	判断手牌是否为顺子
参数	手牌（hand）
返回值	True/False

13. get_only_numbers函数

操作概要	从卡牌中只取出点数并作为列表返回
参数	手牌（hand）
返回值	点数列表

这是在判断手牌是否组成顺子或四条等由点数组合决定的牌型时使用的函数。

14. judge_same_card函数

操作概要	判断手牌中是否有点数重复指定次数
参数	手牌（hand）、希望同一点数重复的次数（same_nums）
返回值	True/False

此函数在判断手牌中是否存在指定张数的同点数手牌时使用，用于判断四条等牌型。

15. get_pair_count函数

操作概要	计算手牌中的对子数
参数	手牌（hand）
返回值	数值

此函数用于查看手牌中有几对对子，在判断两对或一对时使用。

执行游戏结束操作的函数

接着进行游戏的结束操作，最后判断手牌的牌型。牌型判断使用 11 ~ 15 中的函数。

从得分高的牌型开始，按顺序进行手牌的牌型判断。

poker_game.py（165~215行）

```
# 结束游戏
def game_end(hand):
    os.system('cls')
    print("游戏结束")
    # 输出手牌
    show_hand(hand,[])
    judge(hand)

# 判断游戏结果
def judge(hand):
    hand_name = "高牌"
    score = 0
    # 判断牌型
    if hand[0]["num"] == 9 and hand[1]["num"]== 10 and hand[2]["num"] == 11 and hand[3]["num"] == 12 and hand[4]["num"] == 13 and judge_flush(hand):
        # 若为同花色牌且点数为10、J、Q、K、A,则为皇家同花顺
        hand_name = "皇家同花顺"
        score = 10000
    elif judge_straight(hand) and judge_flush(hand):
        # 若为同花色牌且点数连续,则为同花顺
        hand_name = "同花顺"
```

```
            score = 5000
        elif judge_same_card(hand,4) == True:
            # 若有4张同点数牌，则为四条
            hand_name = "四条"
            score = 2500
        elif judge_same_card(hand,3) == True and judge_same_card(hand,2) == True:
            # 若同时存在3张与2张同点数牌组合，则为葫芦
            hand_name = "葫芦"
            score = 2000
        elif judge_flush(hand):
            # 若所有牌花色相同，则为同花
            hand_name = "同花"
            score = 1500
        elif judge_straight(hand):
            # 若点数连续，则为顺子
            hand_name = "顺子"
            score = 1200
        elif judge_same_card(hand,3) == True:
            # 若有3张同点数牌，则为三条
            hand_name = "三条"
            score = 1000
        elif get_pair_count(hand) == 2:
            # 若有2对对子，则为两对
            hand_name = "两对"
            score = 800
        elif get_pair_count(hand) == 1:
            # 若只有1对对子，则为一对
            hand_name = "一对"
            score = 100
        print("{} score:{}".format(hand_name,score))

```

16. game_end函数

操作概要	游戏的结束操作
参数	手牌（hand）
返回值	无

这个函数是游戏的结束操作。输出手牌所组成的牌型名称与得分。

17. judge函数

操作概要	判断牌型并输出得分
参数	手牌（hand）
返回值	无

执行程序主体操作的函数

接下来是程序的主体操作。首先调用初始化函数（init），然后最多3次调用游戏主体操作（game_main），最后调用游戏结束操作（game_end）。

poker_game.py（216~229行）

```
# 主体程序
def main():
    # 卡牌初始化
    hand,cards = init()
    hand = sort_card(hand)
    # 玩游戏的循环
    for i in range(1,3+1):
        hand,cards,end_flag = game_main(i,hand,cards)
        if end_flag == True:
            break
    game_end(hand)

if __name__ == "__main__":
    main()
```

18. main函数

操作概要	游戏的主体操作
参数	无
返回值	无

运行初始化函数（init函数）后，最多运行3次game_main函数。3次循环结束后，或运行过程中由game_main所得的end_flag为True时，执行游戏结束操作（end_flag）并结束程序。

以上完成了对程序的讲解。请读者通过源码阅读并理解各个函数具体是如何实现以上所介绍的操作的。

◉灵活使用调试器

在查看简易扑克游戏或各个函数的运行效果时，十分方便的方法是使用调试器。使用调试器不仅可以追踪操作流程，还可以了解变量值的变化。

请读者试着灵活使用这些工具，以把握程序的操作内容。

最后将主要函数之间的相关关系及操作流程归纳为简单的流程图。在解析程序时可参考此图。

· 主要函数间的关系

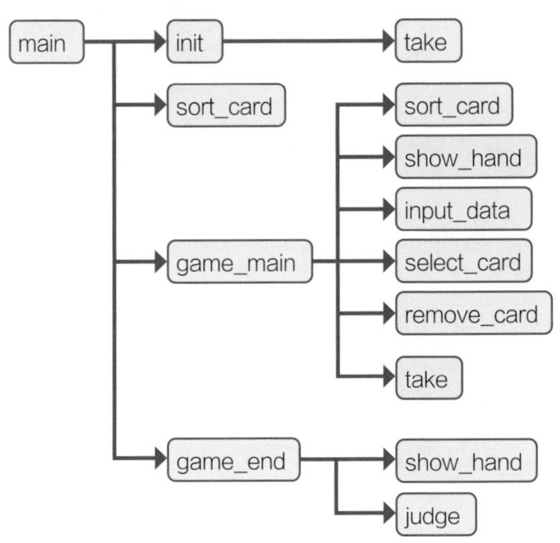

◉改编程序

在一定程度上理解程序流程后，可尝试自己对此源码进行各种改编。下面介绍几种改编方法及其难易度，仅供参考。

①难易度★

- 将游戏改为可多次进行的游戏。
- 登录玩家名并输出高分排名。

②难易度★★

- 改为以硬币而非分数进行计分。
- 改为即使牌型相同，得分也会根据手牌内容而变化。

③难易度★★★

- **改为与计算机对局。**
- **改为用图形显示扑克牌的游戏。**

这里介绍的方法毕竟只是一些示例。若除此之外还有更加有趣的想法，读者可以不断将其加入改编计划。

关于③，只用本书中的知识是不够的。可以通过查阅网络或其他书籍进行尝试。

读者可以**将改编后的游戏自由发布于网络等**地方。不论是用于自己学习，还是为了自豪地展示自己制作的游戏，都可以不断尝试各种改编！

总结

至此，我们用 7 天时间学习了 Python 语言的入门知识。除此之外，Python 还有类、delta 函数等许多重要概念。

但对于程序初学者而言，最重要的并非增加知识量，而是扎实地学习并掌握基础知识。

对于初次接触编程的读者而言，本书中有很多难度大的内容。请读者不要放弃，务必多次反复学习本书，并将其变成自己的知识。

虽然学会编程的过程漫长而艰辛，但同时也有快乐之处。抵达目的地很重要，请读者一边尽情欣赏途中的路边风景，一边推进学习。

练习题解答

1 第1天　启程的一步

第 1 天练习题解答

1-1 问题 1–1

顺序结构、分支结构和循环结构。

· 【解析】

据说，理论上所有的计算机程序都可以用这三种结构编写。

1-2 问题 1–2

解释器将源码逐一转换为机器语言并同时运行。编译器将所有源码转换为机器语言后再运行。

· 【解析】

Python 语言属于解释型语言。

1-3 问题 1–3

（2）、（3）

· 【解析】

（1）错误。VSCode 还可以用于 Python 之外的各种语言，且 VSCode 是源码编辑器而非 IDE（综合开发环境）。

（4）错误。VSCode 可通过应用商店获得各种扩展功能。

2 第2天　运算与函数

第 2 天练习题解答

2-1 问题 2-1

· 【解析】

由于需输入 3 次数字，因此一开始使用 3 次 input 函数让用户使用键盘输入整数。

用 int 函数将存储了用户输入的数的变量 x、y、z 分别转换为整数变量 a、b、c。将它们的和赋值给变量 ans，最后输出结果。

也可以在求计算结果时不使用变量 ans，而是在最后的 format 中编写算式。

prob2-1.py

```
# 输入3个数字
x = input("第1个数:")
y = input("第2个数:")
z = input("第3个数:")
# 求计算结果
a = int(x)
b = int(y)
c = int(z)
ans = a + b + c
# 输出结果
print("{} + {} + {} = {}".format(a,b,c,ans))
```

2-2 问题 2-2

· 【解析】

使用键盘输入姓名与年龄，最后用 print 函数输出。

由于 year 为数字，所以在 format 中用 int 函数将其转换为整数后输出。

实际上，此程序本身并未使用 year 的值进行计算，即使省略 int 结果也不变。若省略 int，则即使在年龄处输入数值之外的值，也可直接将其输出。

prob2-2.py

```
# 让用户输入年龄与姓名
name = input("姓名:")
year = input("年龄:")
# 输出结果
print("{}{}岁。".format(name,int(year)))
```

2-3 问题 2-3

· **【解析】**

将使用键盘输入的值赋值给变量 x，并用 float 函数将其转换为实数，然后以此为基础计算圆的周长（l）和面积（s）。由于无论哪个计算都要用到圆周率，因此将 3.14 赋值给 PI，并用于各个算式中。

Python 中习惯将**常量的名称大写**，如圆周率 PI。

求圆面积的公式为圆周率 × 半径的平方，所以算式既可写作 PI*r**2 也可写作 PI*r*r。

prob2-3.py

```
# 输入半径
x = input("圆的半径(cm):")
# 将输入的值转换为实数
r = float(x)
# 计算圆的周长(l)和面积(s)
PI = 3.14
l = 2 * PI * r
s = PI * r ** 2
# 输出计算结果
print("圆的周长: {}cm 面积:{}cm2".format(l,s))
```

3 第3天　条件分支结构

第 3 天练习题解答

3-1 问题 3-1

·【解析】

将使用键盘输入的整数赋值给 a、b。由于若 b 为 0 则产生除零运算，因此 if 语句中须分别编写 b 为 0 和 b 不为 0 时的操作。

prob3-1.py

```
a = int(input("第1个整数:"))
b = int(input("第2个整数:"))

print("{} + {} = {}".format(a,b,a + b))
print("{} - {} = {}".format(a,b,a - b))
print("{} × {} = {}".format(a,b,a * b))
if b != 0:
    print("{} ÷ {} = {} 余 {}".format(a,b,a // b,a % b))
else:
    print("无法进行除零运算")
```

3-2 问题 3-2

·【解析】

将字符串长度赋值给变量 l，并根据其范围改变输出信息。

当多于 0 个字符但不足 5 个字符时，由于条件为 l>0 且 l<5，所以条件表达式为 l>0 and l<5。

同理，当多于 5 个字符但不足 20 个字符时，条件表达式为 l>=5 and l<20。

当多于 20 个字符时，条件表达式仅为 l>=20。

由于字符串长度一定不小于 0，因此当不满足以上任何条件时，l 的值为 0。因此，用 else 编写 l 为 0 时的操作。

prob3-2.py

```
#  输入字符串
s = input("请输入字符串:")
# 获取字符串的长度
l = len(s)

if l > 0 and l < 5:
    # 不足5个字符
    print("是一条短句子呢")
elif l >= 5 and l < 20:
    # 大于等于5个字符但不足20个字符
    print("是一条中等长度的句子呢")
elif l >= 20:
    # 大于等于20个字符
    print("是一条长句子呢")
else:
    # 0个字符
    print("请输入句子")
```

3-3 问题 3-3

· 【解析】

让用户使用键盘输入公历年份，若小于 0 则输出“不恰当的值”并结束程序，否则根据条件判断所输入的年份是否为闰年。

由于 and 的优先级高于 or，因此先进行 year % 4 == 0 and year % 100 != 0 这一判断。这一表达式表示年份可被 4 整除但不可被 100 整除。当此条件不成立时，继续进行用 or 连接的 year % 400 == 0 这一判断。

例如，公历 2000 年可以被 4 整除，也可被 100 整除，同时还可以被 400 整除，所以为闰年。而 1900 年可被 4 和 100 整除，但不可被 400 整除，所以不是闰年。

prob3-3.py

```
# 输入年份
year = int(input("输入公历年份:"))

if year >= 0:
    # 若不小于 0,则判断是否为闰年
    if year % 4 == 0 and year % 100 != 0 or year % 400 == 0 :
        print("是闰年")
    else:
        print("不是闰年")
else:
    # 若小于 0,则不判断是否为闰年
    print("不恰当的值")
```

4 第4天　循环结构

第 4 天练习题解答

4-1 问题 4-1

·【解析】

构建 while 语句的无限循环，当输入 Hello 时用 break 跳出循环，最后输出“输入了 Hello”并结束程序。

prob4-1.py

```
# 将操作设为无限循环
while True:
    s = input("输入Hello: ")
    if s == "Hello":
        break
    else:
        print("请输入Hello")

# 从while循环中跳出时执行的操作
print("输入了Hello")
```

4-2 问题 4-2

·【解析】

让用户使用键盘输入两个数，并根据其大小关系输出不同的循环。当 n1<n2 时，从 n1 开始到 n2 为止，每循环一次，n 的值便增加 1。当 n1>n2 时，从 n1 开始到 n2 为止，每循环一次，n 的值便减少 1。

当 n1 和 n2 为相同的值时，输出提示信息“请输入不同的值”并结束程序。

prob4-2.py

```
# 将第1个数和第2个数分别设为n1和n2
n1 = int(input("第1个数:"))
n2 = int(input("第2个数:"))

if n1 < n2:
    # 若n1<n2,则从n1开始到n2为止,每循环一次,n的值便增加1
    n = n1
    while n <= n2:
        print("{} ".format(n),end="")
        n = n + 1
elif n1 > n2:
    n = n1
    while n >= n2:
        print("{} ".format(n),end="")
        n = n - 1
else:
    print("请输入不同的值")
```

4-3 问题 4-3

· 【解析】

基本思路与问题 4-2 相同。区别在于本题使用 for 语句编写循环。

当 n1<n2 时，由于从 n1 开始到 n2 为止，每循环一次 n 的值便加 1，因此传递给 range 函数的参数中，第 1 个参数为 n1，第 2 个参数为 n2+1。

当 n1>n2 时，由于从 n1 开始到 n2 为止，每循环一次 n 的值便减 1，因此第 1 个参数为 n1，这一点与 n1<n2 时相同，但作为终止值的第 2 个参数为 n2-1。这一点需要读者注意。而且，务必不要忘记最后加上步长 -1。

prob4-3.py

```
# 将第1个数和第2个数分别设为n1和n2
n1 = int(input("第1个数:"))
n2 = int(input("第2个数:"))
if n1 < n2:
    for n in range(n1,n2+1):
        print("{} ".format(n),end="")
elif n1 > n2:
    for n in range(n1,n2-1,-1):
```

```
        print("{} ".format(n),end="")
else:
    print("请输入不同的值")
```

4-4 问题 4-4

·【解析】

构建从 2 开始到 100 为止的整数 m 的循环，并在其中进一步构建统计 m 的约数个数的循环。

将变量 n 从 1 变到 m，若最终只有 1 和 m 两个约数，则 count 的值为 2，该数将被视为质数并输出。

prob4-4.py

```
# 由2~100之间的数构成的循环(由于1不为质数，因此将其除外)
m = 2
while m <=100:
    # m的约数个数
    count = 0
    n = 1
    while n <= m:
        # 若n为m的约数,则增加统计约数个数的变量的值
        if m % n == 0:
            count = count + 1
        n = n + 1
    # 若m的约数个数为2,则由于是质数，因此输出m
    if count == 2:
        print("{} ".format(m),end="")
    m = m + 1
```

5 第5天　容器

第 5 天练习题解答

5-1 问题 5-1

- 【解析】

首先准备一个空列表 words。使用由 while 语句构建的无限循环，通过 append 方法将用户输入的单词添加到列表中。当未输入任何内容时，用 break 跳出循环。最后用 for 循环输出 words 中存储的单词。

prob5-1.py

```
# 准备一个空列表
words = []
while True:
    # 输入单词
    s = input("输入单词:")
    if s == "":
        # 若未输入任何内容,则跳出循环
        break
    else:
        # 将输入的单词添加到列表中
        words.append(s)

# 输出列表中存储的单词
for word in words:
    print("{} ".format(word),end="")
```

5-2 问题 5-2

· 【解析】

预先准备存储偶数的列表 even 和存储奇数的列表 odd。

首先用无限循环接收数值输入。在输入阶段，若输入的是偶数则将其添加到 even 中，若为奇数则添加到 odd 中。

最后输出两个列表中的数值。

prob5-2.py

```
even = [] # 偶数列表
odd  = [] # 奇数列表

while True:
    s = input("输入整数:")
    if s != "":
        n = int(s)
        if n % 2 == 0:
            # 若能被2整除则为偶数
            even.append(n)
        else:
            # 若不能被2整除则为奇数
            odd.append(n)
    else:
        # 若只按下Enter键则跳出循环
        break

print("偶数: ",end="")

for n in even:
    print(n,end=" ")

print("\n奇数: ",end="")

for n in odd:
    print(n,end=" ")
```

5-3 问题 5-3

- 【解析】

首先创建以动物的英文名称为键、中文名称为值的字典 names。然后以使用键盘输入的键为基础输出值。

prob5-3.py

```
names  = {
    "cat" : "猫",
    "dog" : "狗",
    "bird" : "鸟",
    "tiger" : "虎"
}

s = input("请用英文输入动物名称:")
print(names[s])
```

练习题解答

6 第6天　函数与模块

第 6 天练习题解答

6-1 问题 6-1

· 【解析】

用 for 语句将 4 个数添加到列表 nums 中。由于 add_four 函数是有 4 个参数并以其和为返回值的函数，因此将 nums[0]~nums[3] 作为参数传递给该函数，并得到计算结果。

prob6-1.py

```
# 求4个参数的和
def add_four(a,b,c,d):
    return a + b + c + d

# 输入数值
nums = []
for i in range(4):
    str = "第{}个数:".format(i+1)
    n = int(input(str))
    nums.append(n)
sum = add_four(nums[0],nums[1],nums[2],nums[3])
# 输出结果
print("{} + {} + {} + {} = {}".format(nums[0],nums[1],nums[2],nums[3],sum))
```

6-2 问题 6-2

· 【解析】

将输入的值添加到列表 nums 中,并将 nums 作为各个函数的参数进行计算。

在求最大值的函数 max_nums 中，首先将列表中的第 1 个数设为假定最大值，若出现比该值大的数则更新假定最大值。最终假定最大值中将留下真正的最大值。最小值也可用相同思路进行求取。

而在求平均值时，需先求传递给函数的列表中所有值的和，再用和除以列表长度。

prob6-2.py

```
# 求最大值
def max_nums(nums):
    for i,n in enumerate(nums) :
        # 将第1个数设为假定最大值
        if i == 0:
            max_num = n
        if n > max_num:
            # 若出现比假定最大值大的数,则更新假定最大值
            max_num = n
    return max_num
# 求最小值
def min_nums(nums):
    for i,n in enumerate(nums) :
        # 将第1个数设为假定最小值
        if i == 0:
            min_num = n
        if n < min_num:
            # 若出现比假定最小值小的数,则更新假定最小值
            min_num = n
    return min_num
# 求平均值
def avg_nums(nums):
    s = 0.0
    for n in nums:
        s += n
    avg = s / len(nums)
    return avg

# 输入数值
```

```
nums = []
while True:
    s = input("输入数值:")
    if s == "":
        break
    else:
        nums.append(int(s))
max_num = max_nums(nums)
min_num = min_nums(nums)
avg = avg_nums(nums)

# 输出结果
print("最大值 : {}".format(max_num))
print("最小值 : {}".format(min_num))
print("平均值 : {}".format(avg))
```

6-3 问题 6-3

· 【解析】

本题需灵活运用问题 6-2 中使用的 max_nums 函数。暂时将作为参数传递给函数的元组转换为列表（num_l），并用 max_nums 函数获得其中的最大值，同时将其添加到结果列表（result）中，然后从原列表中删除该值，以此类推，当原列表中有值时，不断重复以上操作。

由于当原列表变为空时排序完成，因此当原列表为空时将结果列表转换为元组并返回。

prob6-3.py

```
# 求最大值
def max_nums(nums):
    for i,n in enumerate(nums) :
        # 将第1个数设为假定最大值
        if i == 0:
            max_num = n
        if n > max_num:
            # 若出现比假定最大值大的数,则更新假定最大值
            max_num = n
    return max_num

# 排序函数
```

```
def sort_nums(*nums):
    # 由元组转换为列表
    num_l = list(nums)
    # 存储输出结果的列表
    result = []
    while len(num_l) > 0:
        # 获取num_l中的最大值
        value = max_nums(num_l)
        # 将最大值添加到结果列表中
        result.append(value)
        # 从num_l中删除最大值
        num_l.remove(value)
    # 将结果列表转换为元组并返回
    return tuple(result)

result = sort_nums(1,5,2,4,-2,7)
print(result)
```

后　记

对于笔者而言，本书是我写作之后的第 2 本书。书中内容虽以笔者原先在企业进修中使用的原创 Python 教材为基础扩充而成，但将这些内容写作成书也是相当花费精力的工作。尤其花费功夫的，应当是决定本书的定位。因为 Python 并不是只有程序员才能使用的语言。

多方思考后，最终得到的结论是，将定位为让读者能达到“不论用 Python 做什么，只要牢固掌握了基础知识，便自然能掌握实际应用能力”这一水平。彼时参考的是被称为“2 × 4（木造框组壁构法）工法”的建筑学思路。

这是诞生于北美的、用于独栋住宅建筑的施工方法。其名称源于在搭建房屋时使用的方材尺寸为“2 英寸 ×4 英寸”。其特点为：只需用现成尺寸的方材配合胶合板组装即可，施工方法简单，因此施工人员无须高超的技术。

将 Python 在编程语言世界中的定位理解为 2 × 4 工法在建筑界中的定位，读者能更容易理解。

正如本书开头中所述，Python 是非常轻松便可学会的语言，而且对于在其他语言中看起来难以实现的效果，若能灵活使用库，则即使是相当高级的效果也能轻松实现。

据说，如今日本住宅中大约 80% 采用传统的住宅施工方法“木造轴组工法（原有施工法）”。但在近几年的住宅建筑中，此施工方法正被迅速淘汰。为何如此？这是由于 2 × 4 工法不仅能较好地抵抗地震或台风等灾害，还有着工期短于传统施工方法，且施工成果不容易因施工者的技术而产生偏差等优点。

这与 Python 优于 Java 和 C# 等传统主流编程语言是相似的。

或许正因如此，用于系统开发的语言正以惊人的速度被替换为 Python。根据 GitHub（源码共享平台）的年度报告 *The State of the Octoverse*，在 2019 年最受欢迎的编程语言排名中，Python 超越 Java 和 C#，上升到了第 2 位。

2 × 4 工法中的建筑技术人员培养是在与传统建筑施工法不同的教育体系中进行的。同样，笔者注意到，要想在 Python 学习中取得最大成果，必须有不同于传统语言的思维方式，才能在最短的时间内掌握相关技术。

虽说如此，但由于一味强调实用未免无趣，因此笔者在本书的内容上下了一番功夫，希望读者能通过书中的练习题或“第 7 天”中介绍的简单游戏，体会到编程的乐趣。

坦率而言，不知读者阅读完本书后的成就感是否真如笔者所想的一样，但若至少能让读者感觉拥有本书是件好事，便是笔者之幸。

最后，借此机会，向给予笔者撰写本书机会的 Impress 公司的玉卷先生、修改校对内容并提出适当建议的畑中先生，以及整理内容并尽力编辑成书 Rebro Works 的大津先生致以诚挚谢意。

亀田健司